职业教育"十二五"规划烹饪专业系列教材

烹调基本功实训教程

主　编　荣　明

副主编　马福林　高洪伟

参　编　侯延安　王子桢　白　鹏

　　　　王成贵　宋　维

U0316238

中国财富出版社

图书在版编目（CIP）数据

烹调基本功实训教程／荣明主编．—北京：中国财富出版社，2013.8（2016.3 重印）

（职业教育"十二五"规划烹饪专业系列教材）

ISBN 978 - 7 - 5047 - 4769 - 3

Ⅰ．①烹…　Ⅱ．①荣…　Ⅲ．①烹饪—方法—职业教育—教材　Ⅳ．①TS972.11

中国版本图书馆 CIP 数据核字（2013）第 168151 号

| 策划编辑 | 寇俊玲 | 责任印制 | 何崇杭 |
| 责任编辑 | 徐文涛　李瑞清 | 责任校对 | 杨小静 |

出版发行	中国财富出版社（原中国物资出版社）	
社　　址	北京市丰台区南四环西路 188 号 5 区 20 楼	邮政编码　100070
电　　话	010 - 52227568（发行部）	010 - 52227588 转 307（总编室）
	010 - 68589540（读者服务部）	010 - 52227588 转 305（质检部）
网　　址	http：//www.cfpress.com.cn	
经　　销	新华书店	
印　　刷	中国农业出版社印刷厂	
书　　号	ISBN 978 - 7 - 5047 - 4769 - 3/TS · 0067	
开　　本	787mm×1092mm　1/16	版　　次　2013 年 8 月第 1 版
印　　张	7.25	印　　次　2016 年 3 月第 2 次印刷
字　　数	154 千字	定　　价　18.00 元

职业教育"十二五"规划烹饪专业系列教材
编写委员会

出 版 说 明

　　根据《教育部关于进一步深化中等职业教育教学改革的若干意见》关于"中等职业教育要深化课程改革，以培养学生的职业能力为导向，加强烹饪示范专业建设和精品课程开发"的精神，中国财富出版社在国家有关职业教育部门的指导下，特组织多所中等职业院校的优秀烹饪骨干教师和企业精英参与教材的开发与编写工作。在教材编写前做了充分的企业及学校调研，总结职业教育"十一五"规划教材特点的基础上，结合现代中等职业学校对学生的培养目标、企业需求情况，大胆创新、大胆改革，将教材根据需要重新整合、编写。以职业技能训练为中心任务，以校企合作、工学结合为体系的现代化中等职业教育教材编写理念，探索具有烹饪专业特色的工学结合的教材编写模式，搭建了企业精英与一线教师交流的平台。符合职业教育"十二五"规划教材的编写要求，适应社会的需求。本套教材可作为中等职业院校学生选用教材。

　　本套教材编写有以下特点：

　　1. 工学结合的编写模式。一方面在教材开发、编写上由院校骨干教师与企业精英合作完成，另一方面注重与相关职业资格标准相结合，符合中职学生学习及技能鉴定的需要。

　　2. 理实一体、图文并茂。教材在编写上改变了以往教材理论、实践分离的模式，将理论知识与实践技能紧密结合，进而使学习者能够更好地用理论知识去指导实践技能，同时在实践中更好地提升理论知识。同时编写上图文结合、步骤分解，使学习者能够更加直观地掌握实训任务的制作步骤及要点。

　　另外，本套教材除了适用于中等职业院校教学外，还适合企业从业人员、社会短期培训及烹饪爱好者自学使用。

　　本套教材配有电子教学资料包。教师可以登录中国财富出版社网站（http：//www.cfpress.com.cn）"下载中心"下载教学资料包，该资料包包括教学指南、电子教案、习题答案，为教师教学提供完整支持。

前　言

根据《教育部关于进一步深化中等职业教育教学改革的若干意见》关于"中等职业教育要深化课程改革，以培养学生的职业能力为导向，加强烹饪示范专业建设和精品课程开发"的精神以及《中等职业教育改革发展行动计划（2011—2013 年)》的要求，特编写本书。

《烹调基本功实训教程》是中等职业学校烹饪专业的专业基础课。使学生在掌握专业理论的基础上，进行操作技能的训练，进而达到基本功熟练运用。

本书以目标设定、基础知识、实训案例为编写框架。通过理论知识与实训任务的学习，使学生能够主动地思考实训过程中出现的问题并加以解决。全书由原料初加工、刀工、勺工、干货涨发、体能训练五部分组成。

本书由吉林省长春市商贸旅游技术学校荣明担任主编；长春市商贸旅游技术学校马福林、高洪伟担任副主编；长春市商贸旅游技术学校侯延安、王子桢、白鹏、王成贵，吉林省城市建设学校宋维参与编写。书中图片由长春市商贸旅游技术学校侯延安、王子桢、白鹏提供。全书由荣明统稿。

本书在编写过程中参阅了大量的文献资料，借此机会，对相关资料的作者表示诚挚的谢意。

由于编写时间仓促和编者水平有限，书中不当之处在所难免，恳请有关专家同行提出宝贵意见，以便再版时修订。

编　者
2013 年 7 月

目　　录

绪　论

中国烹饪技艺源远流长，是中华民族优秀文化遗产的组成部分。中国烹饪文化被世人所公认，形成了具有强烈民族特色的饮食文化，中国烹饪的艺术性也为世人所称道。但对中国烹饪文化的研究还只限于对古代饮食文化遗产的发掘整理阶段，还没有从全方位进行充分的研究和探讨，尤其在与现代科学的结合上还远远落在其他学科的后面，与我国"烹饪王国"的美称及新形势的要求还很不适应。烹饪对人类文明发展产生过重大影响，随着生产力的发展和生活水平的提高，烹调方法也在不断改进，烹饪内容也在不断丰富，现代烹饪已发展成为独立的新型学科，这一新型学科以手工操作为基础，因此具有区别于其他学科的特殊性，学习方法也与其他学科有所区别。中式菜肴技术是中等职业学校烹饪专业的主要专业课程。使学生在掌握专业理论的基础上，进行操作技能训练，达到基本功熟练和具有一定的烹调操作技能。

"行行出状元"，每一个行业都必须先练就一身扎实的基本功才能够最终达到较高的水平和要求。烹饪也不能例外，烹饪的工作辛苦而有乐趣，烹饪的核心本质是追求"鼎中之变"，创新和变化是烹饪事业发展的永恒动力。烹饪工作讲究的是勤思考、勤动手，手脚利落、感觉到位，规范而不失灵活、善变而又有规律，这实际上就是烹饪基本功的内涵。要想成为真正意义上的烹饪大师，练好基本功是唯一的出路。

一、烹饪基本功的训练内容

烹饪基本功训练课程是帮助初学者入行的一门重要的基础课程，它是烹调工艺课程的补充和完善，它将烹调工艺的实验实训部分进行提炼与归纳，着重培养学生的动手能力、观察能力和职业习惯。具体来讲，即通过技能训练，培养学生的动手能力和观察能力；在技能训练过程中，规范学生的工作行为，逐步使学生养成良好的职业习惯，如：站姿训练、坐姿训练、着装规范、言语规范、卫生习惯规范。烹调基本功的主要内容涉及原料初步加工、刀工技能、勺工技能、干货原料涨发、配菜等方面。作为一个初学者，应当掌握一定的刀工技术，同时勺工技术、原料初步加工、干货原料涨发等技术也是烹饪基本功训练的重要内容，是步入厨房工作必备的技术，要熟悉要了解，力争做到熟练操作。

二、烹饪基本功训练的方法

烹饪基本功训练的方法有很多，但有一个共同的特点就是要讲究效率和效果。总体来说烹饪基本功的训练要从以下几点出发：

1. 加强理论知识学习，理论指导实践

专业思维能力的培养，是可以通过加强专业基础知识学习达到的，这一点很重要，也是初学者很容易忽视的。烹饪基本功训练，要养成专业思考问题的习惯，培养自己的专业思维能力。烹饪工作是一项技术活，并不是单纯的体力活，在工作中要开动脑筋，思路正确，用大脑指挥手，才能达到应有的效果。

2. 培养观察能力，明确目标，严格要求

烹饪技术动作有很强的模仿性，作为初学者，可以通过观察烹饪老师或厨师的操作动作来进行模仿操作，这有一定的效果，但不一定能学得全面。因为每个人的观察能力和模仿能力不会完全一样。所以，培养敏锐的观察能力很重要。观察什么？怎么观察？这就是烹饪基本功训练的重要环节。烹饪中有很多环节和细节要留心观察，一是姿态，这是一个优秀的烹饪工作者在操作过程中通过手上动作展示出来的灵活、自如的节奏感，是一种流畅优美的工作音符，这是需要大量的练习累计而成的。二是过程，结果是通过过程实现的，过程的把握十分重要。三是细节，这些细节需要我们仔细地观察把握，只有这样才能找的操作中的关键点和控制点。

3. 勤练多实践，端正学习态度养成良好的工作习惯

所有的知识理解和认识还得通过练习、实践，才能够转变成属于自己的技能。练习、练习、再联系，熟练、熟练、再熟练。烹饪工作是没有捷径的，只有勤奋和努力，才能够成为真正的烹饪大师。中国菜点烹制主要靠手工制作，掌握烹饪基本功技能需要很长时间，需要付出艰巨的劳动，烹饪基本功技术性强，可塑性大。烹饪基本功不是一朝一夕就能练成的，在平时的练习中，要强调姿势正确、动作规范、精益求精。正确的基本功姿势是以后能加工出合格的菜肴的重要保证，不规范的动作不仅无法加工出合格的菜肴，还会对操作者的身体造成损害。不论哪一种技艺，都不是一朝一夕形成的，各行各业都是如此，正如我们常说的"拳不离手，曲不离口"、"夏练三伏，冬练三九"，故烹饪基本功要常抓不懈，进而适应现代餐饮业的节奏。

模块一　原料初加工

学习目标

1. 了解常用烹饪原料的初加工意义与作用。

2. 熟悉各种鲜活烹饪原料初加工技法。

3. 掌握常用烹饪原料加工的基本要求和步骤。

4. 培养学生严谨的工作态度、厉行节约的良好品德，养成规范化、程序化、标准化的职业意识。

任务一　鲜活原料初加工的意义与要求

鲜活原料是市场上出售的新鲜烹饪原料及活体动物性原料，包含新鲜蔬菜、家禽、家畜、水产品等烹饪原料。原料买来后要进行一定的初加工才能为烹饪加工所用，通过原料的初加工，去除原料组织中老硬、带异味、局部变质、有毒害的部分，还有一些活的动物性烹饪原料更是要通过初加工处理中的宰杀等方法，使原料符合烹饪使用要求。

鲜活原料初加工就是通过各种加工方法，去除原料中不符合食用要求的部分，使其达到烹饪菜肴所需要的净料要求的加工过程。鲜活烹饪原料是烹饪食材的重要原料来源，在整个烹饪中占有重要的地位，鲜活原料初加工是烹饪加工的第一环节，是菜肴制作必不可少的组成部分。

一、鲜活原料加工的要求

1. 依据原料特性加工

鲜活原料因品种、成熟度、个体大小的不同，在初加工时要采取不同的加工方法。如菜花要采用冷水浸洗法，肚要用刮洗和搓揉的方法，肺要用灌水冲的方法，黄花鱼要用口除内脏法。

2. 依据成菜标准加工

同类原料因其成菜标准不同加工上也有区别。如红烧鳜鱼可以侧腹开膛，而清蒸鳜鱼则要从口腔去除内脏以保证鱼体完整。

3. 依据节约原料加工

在原料的初加工过程中，最大限度地提高原料的使用率，尽可能减少原料的损失浪费。原料的合理加工是餐饮企业控制成本、提高效益的重要途径。

二、鲜活原料初加工的基市原则

鲜活烹饪原料常用的初加工方法主要有择剔、刮剥、去蒂、宰杀、煺毛、拆卸、整理、洗涤等。

根据烹饪原料特征，我们在进行鲜活烹饪原料的初加工时，要严格遵守以下原则：

1. 保证食用安全卫生

现今人们对食品安全问题越来越重视，不断发生的食品安全问题更加引起了人们对各种食品安全性的关注。市场上销售的植物原料一般都会带有泥土、黄叶、农药残留、虫卵等不符合食用要求的部分，动物性原料也会有一些没有去除的毛皮、血污等，有些原料局部有毒或者出现变质。这就需要通过初加工来保证原料干净卫生，食用安全。

2. 合理加工正确切配

初加工是为菜品的精细加工做准备，原料在加工前要了解原料的自身特性和所要烹制的菜肴的质量标准，选择正确的加工方法，确保菜肴成品在色、香、味、形等方面不受影响。如：鸡、鸭、鱼等开膛方式有很多，但不同的菜品成形要求不同开膛加工方法也就不同，同时还要保持原料的完整性。

3. 减少流失保持营养

人类要想生存生长就必须从食物中摄取所需要的营养物质和能量。烹饪原料在加工过程中存在营养成分一定量的流失，这就需要我们通过合理的加工方式来减少原料营养成份流失，如：鲥鱼、鲖鱼等鱼类在初加工时一般不去鳞，是因为鱼鳞中含有丰富的脂肪和大量鲜味物质，除去会造成许多不饱和脂肪酸及其他物质的损失，影响菜肴的造型和口味。

4. 合理用料物尽其用

原料在加工过程中要尽量避免浪费，做到物尽其用，去除了不符合食用要求的部分即可，不要过度清理，只有正确加工和使用各种鲜活烹饪原料，才能达到减少损失降低成本、增加企业效益的目的。如，鸡在加工时，各个部位都要加以利用：头、脖可用来烧、卤等；翅用来红烧、卤制、干煸等；爪用来泡、卤、烧等。

任务二　植物类原料的初加工

植物类原料是烹制各种菜肴的重要来源。植物类原料的品种繁多、性状各异，可食用的部位不同，加工方法各异，应视烹调菜肴的具体要求合理地进行加工。植物类原料的初加工在整个烹饪过程中占有重要的地位，它是菜肴烹调或面点制作前必须进行的准备工作，是烹饪技术制作的必不可少的组成部分。

一、植物类原料初加工的基本要求

1. 根据蔬菜基本特性进行加工

蔬菜具有不同的特性，加工蔬菜时应熟悉其质地，合理加工，从而获取净料。如菜叶去老叶、老根；根茎类则要去除表皮，洗去泥沙；果菜类去掉外皮及果心；豆类去掉豆荚上的筋络等。

2. 根据烹调使用要求进行加工

蔬菜加工，要根据烹调加工方式的不同，采用不同的初加工方式，以利于进一步的烹调加工。应根据成才要求，选用不同部位的原料，满足菜品的需求。如大白菜的叶、帮、菜心均可使用，制作"开水白菜"时应选用白菜心；用于制馅时应选取白菜的叶和帮。此外，此外，蔬菜的枯黄叶、老叶、老根以及不可使用的部分必须清除干净，以确保菜肴的色、香、味、形不受影响。同时蔬菜类原料要做到先洗后切配，避免水溶性维生素过度流失。

3. 根据食用安全卫生进行加工

蔬菜在种植、采摘、运输的过程中，会夹带一些不符合食用要求的物质，需要采取适当的方法除去表面上的杂物、泥土、虫害等，保证食用安全卫生。

二、植物性原料初加工方法

1. 叶菜类

以鲜嫩的菜叶与叶柄作为食用部位的蔬菜称为叶菜类蔬菜。常见的叶菜有大白菜、小白菜、菠菜、韭菜、芹菜、生菜、卷心菜、青菜等。其初步加工步骤是：

（1）择剔。新鲜蔬菜的初加工首先应择除老根、黄叶等不能食用的部分，并清除菜上的泥沙和杂物。择剔时要根据烹调的要求来决定是否保持蔬菜的完整形状。

（2）洗涤。新鲜蔬菜必须用清水冲洗干净。一般用冷水，也可用淡盐水或高锰酸钾溶液洗涤。洗涤时尽量不使蔬菜的叶破损，并且一定要清洗干净；蔬菜要先洗后切，以免造成营养素的流失。

①冷水清洗。将初加工整理后的蔬菜放在清水中稍加浸泡，并洗去菜上的污物，再反复冲洗干净，是最常用的一种洗涤方法。

②盐水浸洗。因夏秋两季的蔬菜上虫卵较多，仅用冷水洗一般不易清洗掉，可将择剔整理后的蔬菜放在浓度为 2% ~ 3% 的食盐水中浸泡 5 分钟，使菜虫收缩而脱落，然后再用冷水反复洗净。

③高锰酸钾溶液浸洗。有些凉拌食用的蔬菜一般不经过加热处理而是直接食用的，为了保证食用的安全卫生，鲜蔬在冷水中洗净后，可以用浓度为 3% 的高锰酸钾溶液浸泡 5 分钟，然后再用冷开水冲去溶液。

2. 根茎类

以肥大脆嫩变态的根茎为食用部位的蔬菜称为根茎类蔬菜，如土豆、茭白、竹笋、红薯、山药等。

（1）土豆、山药、莴苣等带皮原料，用刀削去外皮，洗净后浸没在清水中备用。

（2）竹笋、茭白等带有毛壳、皮的原料，应先去掉毛壳、根和外皮，再洗涤干净。

根茎类蔬菜中，大多数原料含有鞣酸（单宁酸），去皮后容易氧化变色，加工时应注意避免与铁器接触，或长时间裸露在空气中。因此在初步加工处理后要立即浸没在水中，以防氧化变色。去皮时要注意节约，不要把可食用部分除去过多。

3. 瓜类

以植物的瓜果为食用部位的蔬菜称为瓜类蔬菜，常见的品种有南瓜、丝瓜、冬瓜、黄瓜等。

（1）冬瓜、南瓜等要先去除外皮、由中间切开，挖去种瓤，然后洗净。

（2）嫩黄瓜可以用清水洗净外皮；质地较老的黄瓜可将外皮、瓤去除后，再用清水洗净。

4. 豆类

以植物的荚果和种子为食用部位的蔬菜称为豆类蔬菜，如豌豆、刀豆、毛豆、荷兰豆、扁豆等。

（1）可食用荚果的豆类，一般应先择去蒂和顶尖，撕去两边的筋，然后洗净，如刀豆、荷兰豆、扁豆等。

（2）可食用种子的豆类，应剥去外壳取出豆粒，冲洗干净。如豌豆、毛豆等。豆粒剥出后不立即烹调，应放在开水锅焯水，并用冷水投凉，以防豆粒变色、变质。

5. 茄果类

以植物的浆果为食用部位的蔬菜称为茄果类蔬菜，常见的品种有番茄（西红柿）、茄子、辣椒等。

（1）番茄。番茄表面有一蜡质层食用时口感略差，应先洗净表皮，再用开水略烫后，剥去外皮（应注意有的菜肴要求不去皮，如"荷花鲜奶"中制作荷花的番茄就不可去皮，否则番茄肉太软，荷花立不起来）。

（2）茄子。去蒂并削去硬皮，洗净即可。

（3）辣椒。去蒂、子瓤后，洗净。

6. 花菜类

以植物的花作为食用部位的蔬菜称为花菜类蔬菜，如黄花菜、西蓝花、韭菜花、菜花等。

（1）黄花菜。鲜黄花菜去蒂和花芯后洗净，鲜黄花菜中含有一种"秋水仙碱"的物质，它本身无毒，但经过肠胃道的吸收，在体内氧化为"二秋水仙碱"，则具有较大的毒性，应先将鲜黄花菜用开水焯过，用清水浸泡2小时以上再食用鲜黄花菜就安全了。

（2）韭菜花。洗净后用盐腌制。

7. 食用菌类

以无毒菌类的子实体为食用部位的蔬菜称为食用菌类蔬菜，如平菇、草菇、金针菇、猴头菇等。初步加工方法是去掉根和杂物后洗涤干净。

三、植物原料初加工方法实例

实例1 菜心的加工（如图1-1所示）

工艺流程：择剔——刀工整理——洗涤

先切除青菜的老根，剥去黄叶、老叶等不能食用的部分，留下菜心，然后用刀顺菜心根部边旋转边削，修成橄榄状。再放在水中浸泡，洗涤干净。

图1-1 菜心的加工流程

实例 2　丝瓜的初步加工（如图 1 - 2 所示）

工艺流程：去蒂、皮——洗涤

质地较老的丝瓜，用削刀去皮，然后放入清水中洗干净；质地较嫩的丝瓜先用小刀刮去表面绿衣，再洗干净即可。

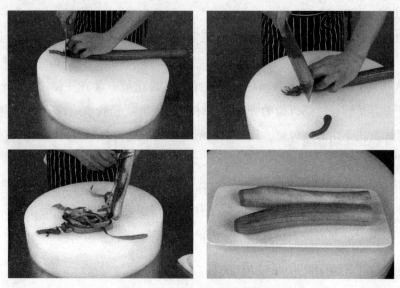

图 1 - 2　丝瓜的初步加工流程

实例 3　冬笋的初步加工（如图 1 - 3 所示）

工艺流程：去壳——洗涤——浸泡

先将冬笋的外壳去除，再用刀切去笋的老根，并修除笋衣及老皮，用水洗净。

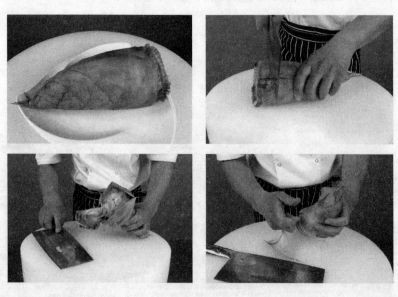

图1-3 冬笋的初步加工流程

实例4 芋艿的初步加工（如图1-4所示）

工艺流程：去皮——洗涤——清水浸泡

用刀刮去芋艿的外皮，放在冷水中边冲边洗，洗去白沫、污物后，将洗净的芋艿捞出，浸没在清水中备用。

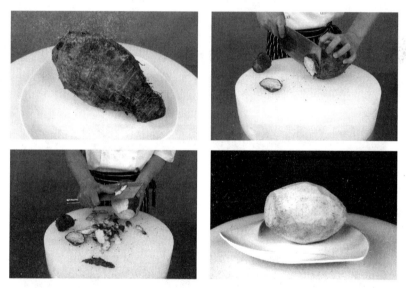

图1-4 芋艿的初步加工流程

实例5 菜花的初步加工（如图1-5所示）

工艺流程：去茎叶——洗涤——初步熟处理

用刀修去菜花的茎叶，洗净后放入开水锅中煮片刻，随即捞出浸入凉水中备用。

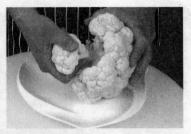

图1-5 菜花的初步加工流程

实例6 苦瓜的初步加工（如图1-6所示）

工艺流程：洗涤——去蒂——去瓤——清洗备用

苦瓜用清水洗净，先用刀将其根蒂切除再从中间切开抠除瓜瓤，洗净后备用，正式烹调前需焯水。

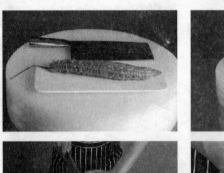

图1-6 苦瓜的初步加工流程

实例7　西葫芦的初步加工（如图1-7所示）

工艺流程：洗涤——去皮——去瓤——清洗备用

西葫芦先用清水洗净，先用去皮刀刮去表皮，再用刀切除根蒂最后从中间切开抠除瓜瓢，清洗备用。如质地较嫩可不去外皮，直接去蒂抠瓢即可。

图1-7　西葫芦的初步加工流程

任务三　家禽家畜类原料的初加工

家禽、畜肉是烹饪中重要的原料，家畜指猪、牛、羊等，家禽指鸡、鸭、鹅、鸽等，因其组织结构复杂，初步加工比较繁琐，故初步加工处理的方法是否得当会直接影响到菜肴成品的质量。

一、家禽初步加工的要求

用于烹调菜肴的家禽主要有鸡、鸭、鹅、鸽等。家禽有羽毛，带有内脏且污秽较重，因此家禽初步加工的好坏对菜肴的质量有着极为重要的影响，在初加工时应认真细致，特别注意以下几点：

1. 宰杀时血管、气管必须割断，血要放尽

割断血管、气管，目的是将家禽杀死，让血液流出。如没将气管割断，家禽不能立即死亡；血管没割断，则血液流不尽，就会使禽肉色泽发红，影响菜肴的质量。

2. 煺毛时要掌握好水的温度和烫制的时间

烫泡家禽的水温和时间，应根据家禽的不同品种、家禽的老嫩和季节的变化而灵活掌握。一般情况，质老的烫泡的时间应长一些，水温也略高一些；质嫩的烫泡的时间可略短一些，水温可低一些。冬季水温应高一些，夏季水温应低一些，春秋两季水温适中。不同品种原料烫泡时间也要灵活掌握，如鸡烫泡的时间可短些，鸭、鹅烫泡的时间需要长些。

3. 物尽其用

家禽的各部位均可利用。头、爪可用来煮汤或卤、酱等；肝、肠、心和血液也可烹制各种美味菜肴；鸡肫皮干制后可供入药；羽毛可用于加工羽绒制品。因此，在对禽类的初步加工时对其各部位不能随意丢弃，应予以合理利用，做到物尽其用。

4. 洗涤干净

禽类的洗涤必须干净，特别是禽类的腹腔要反复冲洗，直至血污冲净为度。否则会影响菜肴的口味和色泽。

二、家畜内脏及四肢初步加工的要求

家畜内脏及四肢泛指家畜的心、肝、肺、肚、腰子、肠、头、尾、舌等。由于这些原料黏液较多、污秽较重并带有油脂和脏腑的臭味，所以加工时要特别认真，并符合以下要求：

1. 除净异味杂质

在加工这类原料时，应针对其不同的性质，采用适当的加工方法，将原料上的黏液、油脂、毛壳、污物和异味清除干净。

2. 洗涤干净

家畜内脏及四肢在经特殊处理去除黏液、油脂、毛壳等污秽后，还必须用清水反复洗涤干净，成为洁净的烹调原料。

三、家禽初步加工的方法

1. 家禽初步加工的方法主要有宰杀、烫泡煺毛、开膛取内脏、洗涤及禽类的内脏洗涤等

（1）宰杀

宰杀前先应备好盛器，盛器内放入适量的清水和少许的精盐兑成食盐溶液。宰杀时，

一手抓住翅膀与头部，另一手将颈部的绒毛拔掉，用刀将气管、食管、血管割断，禽身向下倾，将血控入碗中，直到控净为止。

（2）烫泡、煺毛

禽类宰杀后即可烫泡煺毛。这个步骤必须在家禽刚好处于死亡状态下进行，过早或过晚则由于肌肉的僵直关系，都会给煺毛带来不便。烫煺时的温度应根据季节和禽类的老嫩、大小而定，当年禽（嫩禽）多用温烫（60℃~70℃）；隔年禽（老禽）多用热烫（80℃）。适当确定水的温度和数量以及烫煺的时间，烫泡后，应尽快将其羽毛煺净，操作的同时应以煺尽羽毛而不破损禽表皮为原则，烫煺后及时用清水洗干净。

（3）开膛取内脏

开膛取内脏的方法可根据烹调的需要而定，比较常用的有腹开、肋开和背开三种。

①腹开。先在禽颈右侧的脊椎骨处开一刀口，取出嗉囊，再在肛门与肚皮之间开一条约6~7厘米长的刀口，由此处轻轻地拉出内脏，然后将禽身冲洗干净。

②背开。由禽的脊背处劈开取出内脏，而后清洗干净禽身即可。

③肋开。在禽的右肋（或左肋）下开一个刀口，然后从刀口处将内脏取出，同时取出嗉囊，冲洗干净禽身即可。

需要注意的是，无论采取哪一种取内脏的方法，操作时切忌碰破禽的肝部和苦胆，以免影响肉质的风味。

（4）禽类内脏的洗涤加工

①肫。割去前端食肠，将肫划开，去其污物，剥掉黄皮及油脂，洗净即可。

②肝。摘掉附着在上面的苦胆，洗净即可。

③肠。先去掉附着在上面的两条白色胰脏，然后顺肠剖开，加盐、醋、明矾搓洗去肠壁上的污物、黏液，再反复用清水洗净。

④血。将已凝结的血块放入开水锅中，煮熟捞出即可（时间不可太长）。

2. 内脏及四肢初步加工的方法

家畜内脏及四肢初步加工的基本方法有：里外翻洗法、盐醋搓洗法、刮剥洗涤法、清水漂洗法和灌水冲洗法等。有时一种原料的初步加工往往需要几种方法并用才能洗涤干净。

（1）外翻洗法。里外翻洗法主要用于肠、肚等内脏的洗涤加工。

（2）醋搓洗法。盐醋搓洗法主要用于洗涤黏液污秽较多的原料。如肚、肠等。

（3）剥洗涤法。刮剥洗涤法主要用于去掉一些原料外皮的污垢、硬毛和硬壳等。如猪头、猪爪、猪舌、牛舌等。

（4）水漂洗法。清水漂洗法主要用于家畜的脑、脊髓等原料的初步加工。

（5）水冲洗法。灌水冲洗法主要用于洗涤猪肺和猪肠等原料。

四、畜、禽类原料出肉加工与分档取料

出肉加工就是根据烹调的要求,将动物性原料的肌肉组织从骨骼上分离出来的加工整理过程。出肉加工是制作菜肴的重要环节,是一项技术性较强的加工工序。出肉加工质量的优劣,不仅关系到烹饪原料的净料率、菜肴的成本、售价,还直接影响到成品菜肴的质量。分档取料是将宰杀后的整只家畜、家禽、鱼类等原料,根据其肌肉和骨骼等组织的不同部位分类,并按照烹调的要求选料的操作过程。分档取料是一项技术性强、知识面广、细致认真的工作。若部位分不准,取料就难选,从而影响切配加工,并直接关系到菜肴的质量。

1. 分档取料的作用

(1) 保证烹调特点

根据不同的烹调方法,所取用原料的部位不同,可以突出烹调的特点。煎、炒、爆、熘等烹调方法,一般选用比较嫩的原料。如"炒鸡丝",选用鸡脯肉,从而突出该炒菜鲜嫩的特点。而烧、煮、炖、焖、烩等烹调方法,则可选用含结缔组织较多的原料。如"红烧牛肉",选用前腿,从而突出该烧菜汤浓味美的特点。

(2) 保证菜肴的特色

不同部位的原料,可制作不同特色的菜肴。也就是说,制作特色菜肴,必须严格选料。例如,广东菜"咕老肉",必须选用猪的肩颈肉,制品才能达到外脆里嫩、色美味佳的境地。又如,浙江名菜"梅菜扣肉",必须选用带皮五花肉,制品才能突出鲜香味厚、滑爽、无油腻感的特色。

(3) 保证菜肴的质量

菜肴成品的质量与选料密切相关,取料适当,烹调合理,才能达到菜肴的质量要求。如四川名菜"回锅肉",必须选用带皮后腿肉,入锅煸炒吐油,皮卷起,成品色泽红亮,肉片柔香,肥而不腻,味咸鲜微辣回甜,有浓郁的酱香味时,方达到该菜的质量标准。若选用的不是带皮的后腿肉,煸炒时皮不能卷起,就达不到该菜的质量标准,也就不能称其为回锅肉。可见,选料直接影响着菜肴的质量,选好料,是保证菜肴质量的前提。

(4) 保证原料的合理使用

动物肌肉组织有横纹肌、平滑肌、心肌三种,肌肉的质量随部位不同而有差异。不同的肌肉能烹制出不同风味的菜肴,不同部位的原料适宜不同的烹调方法,合理地将它们配置才能物尽其用,不浪费原料。如猪的颈肉质差、肥瘦不分、吸水力强,宜制馅;五花肉肥瘦相间,适合烧、蒸;臀尖肉较嫩,适宜氽、爆、炒、熘;坐臀肉含有肌间脂肪,适宜炒肉丝,因为纤维不易散且长,易成丝,炒不易断;奶脯肉肥多瘦少,质又差,故炼油或炸酥肉为好。可见,肉的部位不同、质地不同、性质不同,但都有适合的烹调

方法，只要我们识其性。按部位选料，采取适合的烹调方法，就能提高原料的使用价值，保证原料的合理使用，做到物尽其用。

2. 取料要求

（1）熟悉肌肉组织的结构及分布，把握整料的肌肉部位，准确下刀。这是分档取料的关键。质量有别的肌肉之间，往往有一层筋络隔膜，分档取料时，从隔膜处下刀，就能把部位肌肉之间的界线分清，顺膜取部位，不损伤原料，保证所取部位原料的完整及质量特点。

（2）掌握分档取料的先后顺序。分档取料操作时，必须从外向里循序进行。否则会破坏肌肉组织，影响取料质量。例如，猪的后腿肉，应先取臀尖肉，再取弹子肉，后取坐臀肉。只有按肌肉的先后顺序取料，才能保证分档取料的质量和数量及完整性。

（3）刀刃要紧贴骨骼操作。分档取料时，刀刃要紧贴着骨骼徐徐而进。运刀须十分小心谨慎，出骨时，骨要干净。做到骨不带肉，肉不带骨，骨肉分离。避免损伤肌肉，造成原料浪费。

（4）重复刀口要一致。分档取料操作时，常会出现刀离原料的情况。再次进刀时，一定要与上次的刀口相吻合，否则会出现刀痕混乱、刀口众多的情况，从而使碎肉渣增多、骨上带肉，影响出肉率。

五、家禽、家畜的分档取料

1. 鸡的分档取料和应用特点（如表 1 - 1 和图 1 - 8 所示）

表 1 - 1　　　　　　　　鸡的分档取料和应用特点

序　号	名　称	部　位	用　途
1	头（含脑）		骨多、皮多、肉少，适宜煮、炖、卤、红烧或用于制汤等
2	颈		皮多、骨多、肉少，适于煮、酱、炖、卤、烧等烹调方法
3	脊背（栗子肉）	位于脊骨两侧，各有一块肉	肉质适中，无筋，适于爆、炒等烹调方法
4	胸脯肉	位于翅膀与鸡骭之间	全身最嫩部位，适宜切片、丝及剁蓉等，可用炸、炒、爆、熘等烹调方法
5	翅膀（又称凤翅）	皮较多	肉质较嫩，不宜出肉，适宜红烧、白煮、清炖等
6	腿肉	位于腿部	肉厚较老，适于烧、炖、扒、卤等烹调方法
7	爪（又称凤爪）		除骨外，皆为皮筋，适宜卤、红烧、制汤等

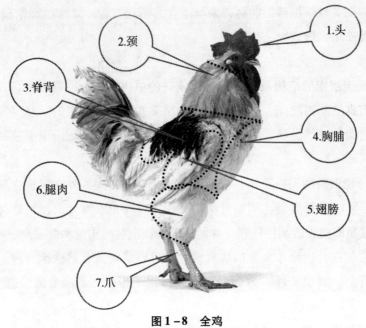

图1-8 全鸡

2. 猪的分档取料和应用特点（如表1-2和图1-9所示）

表1-2 猪的分档取料和应用特点

序号	名称（别名）	部 位	用 途
1	头	从宰杀刀口至脑颈部割下	一般用烧、煮、卤、酱等
2	尾	从尾根部割取（根部肉称翘尾）同上	翘尾较嫩、宜炒
3	肩颈肉（上脑肉、鹰嘴）	背部靠颈处、在肩胛骨上方	肉质较嫩，瘦中夹肥，适于炸、熘，如制咕老肉、余肉汤
4	夹心肉	肩颈肉下部、前肘上方	肉质较多，筋膜多、宜于制馅、制蓉；排骨部分称小排骨、子排骨，可制红烧、糖醋、椒盐排骨或煮汤
5	前肘	前蹄膀在骱骨处斩下，去膝以下部分	皮厚胶质重、瘦肉多，宜白煮、红烧，制脊肉，捆蹄等
6	颈肉（血脖）	在脑颈骨处直线切下	肉质差、肥瘦不分，一般用于做馅料
7	前蹄	前膝下的脚爪	只有筋、骨，宜红烧、小煮、炖汤等，又可从中抽取蹄筋
8	脊背（外脊、通脊）	肩颈肉后至尾部的脊部骨称大排骨，肉称扁担肉	扁担肉筋少肉多，可供炸、煎、烤大排骨，可红烧、炖汤
9	里脊	猪肾上方、贴分水骨底的一条长肉	为全猪最嫩之肉，可炒、爆、炸、熘、余等

续表

序号	名称（别名）	部　位	用　途
10	五花肋条	脊背下方、奶脯上方、前后腿之间的部分。偏上部分称硬肋，又称硬五花、上五花；偏下无骨部分称软肋，又称下五花	肋条肉可供割取方肉。硬肋肉坚实质好，肥多瘦少；软肋较松软，宜烧、焖、蒸、扣、炖、煮、烤及作砂锅菜等
11	奶脯	腹下部	肉质差、多为泡囊肥肉，肉可熬油，皮可熬冻
12	臀尖肉（盖板肉）	臀的上部	肉质佳，多瘦肉，质很嫩，可同里脊肉用
13	坐臀肉（坐板肉、底板肉）	臀尖之下，弹子肉与磨档之上	肉质较老，可供制白切、回锅肉之用
14	黄瓜条（肉瓜子、葫芦肉）	附于坐臀、长圆形如黄瓜状，色稍淡	肉质较嫩，肌纤长，无筋，宜作肉丝等供爆、炒
15	弹子肉（后腿肉、拳头肉）	后蹄膀上部，靠腹的一侧	肉细嫩，但有筋，肌纤维纵横交叉，可供爆、炒、烧，也可代里脊用
16	后肘（后蹄膀、豚蹄、圆蹄、大肘花后蹄）	后腿膝以上部分	皮厚筋多，胶质多，瘦肉多，宜酱、卤、烧、煮、扒、炖
17	后蹄	后肘膝以下部分	同前蹄

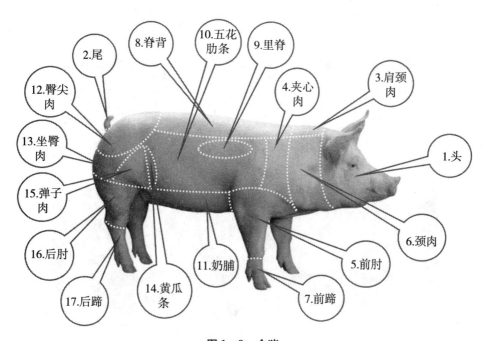

图 1-9　全猪

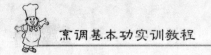

六、禽畜原料初加工实例演示

实例1　猪肚的初步加工（如图 1－10 所示）

猪肚是猪的消化系统，污秽黏液较多，还带有腥臭味，所以要选择正确的初加工方法，处理不当就会影响菜肴质量。

工艺流程：选料——搓洗——洗涤——焯水——刮剥——煮制——半成品

操作步骤：

（1）将猪肚上面附着的油脂去掉，放入盆内加盐、醋搓洗一遍，再用清水洗一遍，然后再将猪肚翻转过来，再加盐、醋搓洗净黏液，用清水反复洗涤干净。

（2）将洗涤干净的肚入冷水锅中煮透取出，切去猪肠根部的毛，刮净猪肚上面的黄皮，再用清水洗净。

（3）锅中加入清水和焯过水的猪肚以及适量的葱、姜，用旺火烧开并打去浮沫，加黄酒，用微火煮烂，捞出用凉水洗净即好。煮烂的肚必须用清水浸泡，否则肚、肠的色泽会变黑，影响质量。

图1-10 猪肚的初步加工流程

实例2 猪腰的初加工（如图1-11所示）

猪腰是猪的内脏器官，具有较大的异味，其质地较为细嫩，处理不当将影响菜肴的味道和成型。

工艺流程：选料——片开——去外膜——去腰臊——清洗——半成品

操作步骤：用平刀法把腰子从中间一剖两半，剥去表皮外膜，再用左手自腰子两头向中间挤一挤，使中间鼓起，突出腰臊，将其片净。片制时刀要平，推拉刀次数要少保证截面平整。

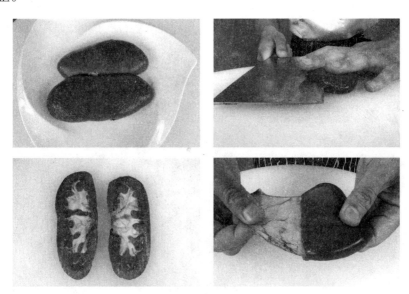

图 1–11 猪腰的初加工流程

实例 3 鸡的分档取料（如图 1–12 所示）

鸡的分档取料是将鸡肉分部位取下，再将鸡骨剔出。根据不同的烹调方法，所取用原料的部位不同，可以突出烹调的特点。

工艺流程：光鸡清洗——取鸡腿肉——取鸡翅肉——撕下脯肉——整理

操作步骤：

（1）取鸡腿肉。左手握住鸡的右腿，使鸡腹向上，头朝外，右手持刀，先将左腿与腹部相连接的皮割开，再将右腿同腹部的皮割开，把两腿向背后折起，把连接在脊背的

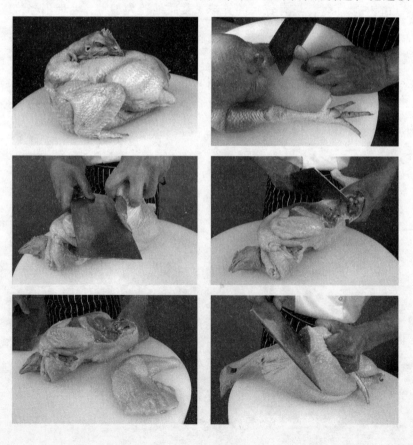

图 1 - 12　鸡的分档取料流程

筋割断，再把腰窝的肉割刮净，用力扯下两腿，内侧向上，沿鸡腿骨骼用刀划开，用刀的后跟处刮净上面的肉，剔出腿骨，放在平盘中。

（2）取鸡翅肉。左手握住鸡翅，用力向前顶出翅关节，右手持刀将关节处的筋割断，将鸡翅连同鸡脯肉用力撕下，再沿翅骨用刀划开，剔出翅骨，再将鸡里脊肉取下；鸡翅内侧向上，顺鸡翅骨划开，露出翅骨，用刀的跟刮净上面的肉，在第一关节处割断，但肉和皮要相连，剔下第一关节的骨。用相同方法剔下第二关节的两条骨，最后将翅尖剁下，放在平盘中。

（3）取鸡里脊肉。将鸡的两条里脊肉从腹部取下，剔去肉中的筋，放在平盘中。

实例4　整鸡去骨（如图1 - 13所示）

整鸡去骨就是将整只原料去净或剔除其主要骨骼，而仍能基本保持原料原有完整形态的一种刀工处理技法。这种技法既便于营养互补，又增加了可塑性，使菜肴造型更精美。整料去骨是一种工艺性较强、技术难度较大的刀工技术。一种菜肴档次的高低，除主料本身的价值外，还有配料、调料的贵贱，更有工艺的难易程度等因素。工艺难度大，相应的菜肴档次就高，也说明厨师的技术水平高。如"葫芦鸭"、"八宝鸡"。

工艺流程：宰杀——煺毛——划破颈皮——断颈骨——出翅膀骨——去身骨——出后腿骨——翻转鸡皮——清水洗净——装盘

操作步骤：

（1）划破颈皮，斩断颈骨。先在鸡的颈部两肩相夹处的鸡皮上，直割约6~7厘米长的刀口，从刀口处把颈皮扳开，将颈骨拉出。在靠近鸡头的宰杀刀口处将颈骨斩断，注意刀口不可碰破颈皮。还可先在鸡头宰杀的刀口处割断颈骨，再从割口中拉出颈骨。

（2）出翅膀骨。从颈部的刀口处将皮肉翻开，使鸡头下垂，然后连皮带肉徐徐往下翻剥，分别剥至翅骨的关节处。待髀骨露出后，用刀将关节上的筋膜割断，使翅骨与鸡身脱离。先抽出挠骨和尺骨。然后再将翅骨抽出（翅骨有粗细两根），于翅膀的转折处斩断。

（3）去鸡身骨。翅骨剔出后，将鸡的胸部朝上，平放在菜墩上，一手拉住鸡颈，一手按住鸡龙骨，向下一按，把突出的骨略为压低一些，以免下翻时骨尖戳破鸡皮。然后将皮肉继续向下翻剥，当剥到背部时（背部肉少皮薄，防止拉破），要一手拉住鸡颈，一手拉住鸡背部的皮肉，轻轻翻剥。如遇到皮骨连得较紧，不易剥下时，可用刀在皮和骨之间轻轻划割，刀贴骨头慢慢运行，边割边翻剥。剥到腿部则将鸡胸朝上，一手执左大腿，一手执右大腿并用拇指扳着剥下的皮肉，将腿向背部轻轻掰开，使股骨关节露出，用刀将连接关节的筋割断，使鸡的股骨和身骨脱离，再继续向下翻剥直到肛门处，把鸡尾椎骨斩断（注意不可割破尾部的皮），鸡尾仍应连在鸡身上。这时除后腿骨外，鸡身的全部骨骼均与皮肉分离。骨骼取出后（内脏仍包在身体中），再将肛门处直肠割断，洗净肛门中的粪便。

（4）出后腿骨。首先将腿皮翻开，顺胫骨至股骨用刀尖在腿肉上划一刀口，把骨上端刮净，左手抓住腿肉，右手拉取下股骨。取胫骨时先将胫骨靠近跖骨用刀敲断，或用刀跟斩断（注意不可碰破腿皮），同取股骨一样取下的胫骨，再将鸡腿皮翻转上来。

（5）翻转鸡皮。完成上述步骤后，用清水洗净鸡肉，再翻过面来，使鸡皮朝外，鸡肉朝里，从外观看，仍是一只完整的鸡。

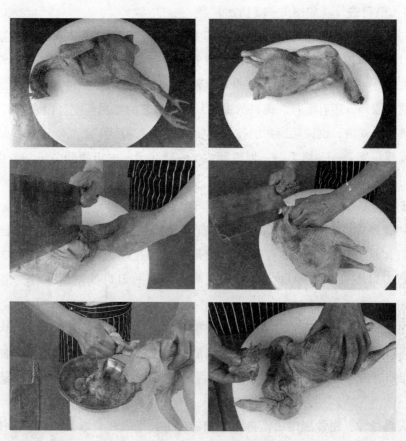

图 1 - 13　整鸡去骨流程

任务四　水产品类原料的初加工

　　水产品是指生活在海洋中或淡水中的各种动、植物的总称。包括鱼类、虾类、蟹类、贝类、软体类、藻类等。水产品含有丰富的蛋白质、脂肪、无机盐和维生素等营养成分，是人类不可缺少的食物。由于水产品的种类繁多、性质各异，因此初步加工的方法也较为复杂，必须正确地加以处理，才能成为适合于烹饪的原料。

一、水产品初步加工的要求

　　水产品在切配、烹调之前，一般须经过宰杀、刮鳞、去鳃、去内脏、洗涤、分档等初步加工过程。至于这些过程的具体操作，则须根据不同的品种和具体的烹调用途而定。水产品加工原则是：

1. 除尽污秽杂质

水产品在初步加工时，要将鱼鳞（属骨片性鳞的鱼）、鱼鳃、内脏、硬壳、沙粒、黏液等杂物除净，以保证菜肴的质量不受影响。

2. 根据烹调要求加工

不同的菜肴品种，对鱼体的形态要求不一。如烹制鳜鱼、鲈鱼、大黄花鱼等需整条鱼上席的，在初步加工时，尽量从鱼的口腔中将鱼鳃和内脏卷出，保证鱼体完整。而用于出肉加工的鱼则可采用腹开取内脏。因此，水产品初加工时，需要根据烹调的不同要求，采取不同的加工方法。

3. 根据不同品种进行加工

由于水产品的种类繁多，性质各异，有表皮是鳞片的，有表皮是带有黏液，有的是沙粒等，因此应根据其不同的品种特点进行初加工，才能保证原料的质量符合烹调要求。如一般的鱼都要刮去鳞片，但新鲜的鲥鱼和白鳞鱼就不能去鳞；带有黏液的鳗鲡和黄鳝等，需经过焯水或泡烫才能去其黏液和腥味；带有沙粒的各种鲨鱼，需泡烫后去掉沙粒等。

4. 合理取料、物尽其用

形体比较大的鱼类，初步加工时要正确分档取料，使用合理。如鳙鱼的头尾、肚档可以分别红烧，中段（鱼身）则可出肉加工成片、条、丝以及制蓉等。狼牙鳝的肉内带有许多的硬刺，如用整段红烧、干烧、清蒸等，食用极不方便（硬刺太多），而且造型亦不美观，但狼牙鳝鱼肉色泽洁白、味道鲜美，最适宜于出肉制馅（制馅的过程中将鱼刺去掉）。水产品在加工时，还要注意原料的节约，如剔鱼时，鱼骨要尽量不带肉。一些下脚料要充分利用，鱼骨可以煮汤，虾卵干制后可成名贵的虾籽，某些鱼的鳔干制后成为鱼肚。总之，在水产品的初步加工时，要充分合理地使用各种原料，避免浪费。

二、水产品初步加工的方法

1. 鱼类的初步加工

根据鱼的形状和性质，鱼类的加工方法大致可分为去鳞、褪沙、剥皮、泡烫、宰杀、择洗等步骤。

（1）刮鳞：适用于加工鱼鳞属于骨片性的鱼，如大黄鱼、小黄鱼、鲈鱼、加吉鱼、鲤鱼、草鱼、鳜鱼等。

此类鱼的加工步骤是：刮鳞——去鳃除内脏——洗涤干净。

（2）褪沙：主要用于加工鱼皮表面带有砂粒的鱼类，即各种鲨鱼，如真鲨、姥鲨、星鲨、角鲨、虎鲨等。

此类鱼的加工步骤：热水泡烫——褪沙——去鳃——开膛取内脏——洗涤干净。

具体过程是：先将鲨鱼放入热水中略烫，水的温度要根据鲨鱼的大小而定，体大的用开水，体小的水温可低一些。烫制的时间以能褪掉沙粒而鱼皮不破为准。若将鱼皮烫破，褪沙时沙粒易嵌入鱼肉内，影响食用。再将烫好的鲨鱼用小刀刮去皮面上的沙粒，剪去鱼鳃，剖腹去净内脏洗净即好。

（3）剥皮：主要用于加工鱼皮粗糙、颜色不美观的鱼类。如鳎科鱼类中的宽体舌鳎、半滑舌鳎、斑头舌鳎等。

此类鱼的加工步骤：背面剥皮——腹面刮鳞——去鳃去内脏——洗涤干净

具体过程是：先在鱼的背部靠头处割一刀口，用手捏紧鱼皮用力撕下，再将腹部的鳞刮净，最后除去鱼鳃和内脏，洗净即好。

（4）泡烫：主要用于加工鱼体表面带有黏液而腥味较重的鱼类，如海鳗、鳗鲡、黄鳝等。

此类鱼的加工步骤：沸水泡烫——去鳃除内脏——洗涤干净。

由于此鱼类的性质和用途不同，加工方法也略有不同。

具体过程是：海鳗、鳗鲡除去鳃、内脏后，放入开水锅中烫去黏液和腥味，再用清水洗干净即好。

黄鳝的泡烫方法是：锅中放入凉水，将黄鳝放入，加适量的盐和醋（加盐的目的是为了使鱼肉中的蛋白质凝固，加醋则是去腥味），盖上锅盖，用急火煮至鳝鱼嘴张开，捞出放入凉水中浸凉，洗去黏液即可。

（5）宰杀：主要用于一些活养的鱼类，如甲鱼、黄鳝、鲤鱼、黑鱼等。

甲鱼宰杀的方法有两种：一种是将甲鱼放在地面，等其爬行时使劲一踩，待其头伸出时用左手握紧头部，然后用刀割断血管和气管，放尽血即可。另一种方法是将甲鱼腹部朝上放在墩子上，待头伸出时将头剁下，放尽血即可。

黄鳝的宰杀方法应视烹调用途而定。鳝片：先将鳝鱼摔昏，在颈骨处下刀斩一缺口放出血液，再将鳝鱼的头部按在菜板上钉住，用尖刀沿脊背从头至尾批开，去其内脏，将脊骨剔出，洗净后可用于批片。鳝段：用左手的三个手指掐住鳝鱼的头部，右手执尖刀由鳝鱼的下颚处刺入腹部，并向尾部顺长划开，去其内脏，洗净即可切段备用。

（6）择洗：主要用于加工一些软体类的水产品，如墨鱼、鱿鱼、章鱼等。

具体方法是：

墨鱼：将墨鱼放入水中，用剪刀刺破眼睛，挤出眼球，再把头拉出，除去石灰质骨，同时将背部撕开，去其内脏，剥去皮洗净备用。雄墨鱼腹内的生殖腺干制后称为"乌鱼穗"，雌墨鱼的产卵腺干制后称"乌鱼蛋"，均为名贵的烹任原料。墨鱼加工时，一般须

在水中进行，以防墨鱼汁污染。

鱿鱼：体内无墨腺，加工方法同墨鱼大体相同。

章鱼：先将章鱼头部的墨腺去掉，放入盆内加盐、醋搓揉，搓揉时可将两个章鱼的足腕对搓，以去其足腕吸盘内的沙粒，再用清水洗去黏液即成。

2. 虾蟹类的初步加工

用于烹调的虾类主要有对虾、沼虾等，它们的初步加工方法分别是：

（1）对虾（又名明虾、斑节虾）：先将虾洗净，再用剪刀剪去虾枪、眼、须、腿，用虾枪或牙签挑出头部的砂布袋和脊背处的虾筋和虾肠即好。根据不同的烹调要求，也可将虾的皮全剥掉或只留虾尾。

（2）沼虾（亦称青虾）：剪去虾枪、眼、须、腿，洗净即好。由于沼虾每年在四至五月份产卵，在加工时要将虾卵收集起来加以利用。方法是：将沼虾放入清水中漂洗出虾卵，去其杂物后用慢火略炒，再上笼蒸透，取出弄散晾干，即成为名贵的烹调原料"虾籽"。

（3）河蟹（亦称螃蟹）：蟹在加工之前，应先放在水盆里，让蟹来回爬动，使蟹蛰、蟹脚上的泥土脱落沉淀。过 10 分钟后，用左手抓住蟹的背壳，右手用软的细毛刷，边刷边洗，直到洗净泥沙。如蒸河蟹，最好取纱绳一根，约 50 厘米长，先在左手小拇指绕 2 周，然后左手将蟹的蛰和脚按紧，纱绳先横着蟹身绕 2 周，再顺着蟹身绕 2 周，再将小拇指上绕的纱绳松开，在蟹的腹部打一个活结，即可上笼蒸，这样可避免蟹在加热时爬动流黄、断脚。

3. 贝类及其他水产品的初步加工

（1）扇贝：用刀（专用的工具）将两壳撬开，剔下闭壳肌（俗称扇贝柱），去其附着在上面的内脏，洗净即好。

（2）蛏子：将两壳分开，取出蛏子肉，挤出沙粒，用清水洗净即好。

（3）鲍鱼：将鲍鱼外表洗净，放入沸水锅中至肉离壳，取下肉，去其内脏及腹足，用竹刷刷至鲍鱼肉呈白色后用清水洗净，再放入盆内，加高汤、葱、姜、料酒上笼蒸烂取出，用原汤浸泡即可。

（4）蛤蜊：洗净蛤蜊放入海水中（或用清水加一点盐）浸泡，使其吐出腹内泥沙，再用清水洗净，即可带壳用于烹制菜肴。也可将洗净的蛤蜊放入开水锅中煮熟捞出，去壳留肉，用澄清的原汤洗净即好。煮蛤蜊的原汤味道鲜美，澄清后可用于烹制菜品。

三、水产品的出肉加工与分档取料

1. 一般鱼类的出肉加工

棱形鱼类的出肉加工：以鳜鱼为例，将鳜鱼头朝外，腹向左放在墩子上，左手按着鱼，右手持刀，从背鳍外贴脊骨，从鳃盖到尾割一刀，再横片进去，将鱼肉全部片下，另一面也如法炮制。最后把两片鱼肉边缘的余刺去净，然后将鱼皮去掉（也有不去皮的）。

2. 长形鱼类的出肉加工

长形鱼类分为有鳞鱼和无鳞鱼，如草鱼、鲭鱼等有鳞鱼，海鳗、鳗鱼、鳝鱼等无鳞鱼，我们以鲩鱼和鳝鱼为例。

（1）草鱼的出肉加工：将鲩鱼头朝左，腹向外放在墩子上，左手按着鱼，右手持刀，距尾鳍两寸处切至脊骨，再贴脊骨横片进去至鱼头部，再鱼头劈开成两片，切下鱼头，将鱼肚档片下，去掉鱼皮（也有不去皮的），另一面也如法炮制。

（2）鳝鱼的出肉加工：有生出和熟出两种。生出肉加工方法是：将鳝鱼宰杀去内脏等初加工后，将鳝鱼头向外，腹向上放在墩子上，左手捏住左边的腹肉，右手持刀，刀尖从劲口处插入，紧贴脊骨一直向尾部剖划，使骨肉分离，再从颈部斩断脊骨（不能将肉斩断），平批取下脊骨，切下头、尾即成。熟出肉加工方法是：将烫死的鳝鱼进行"划鳝"。将鱼头向左，鱼腹向内放在案板上，左手握住鱼头，并用大拇指撬开颈下一个缺口，右手将划刀竖直，从缺口处插入，用大拇指和食指捏住划刀，后三指扶牢鱼背，用力均匀地划向尾部，取下腹肉，然后将鱼翻身，背部向上，用以上同样的方法划出两片背肉，将腹肉包裹的内脏取出，洗净鱼肉即成。

（3）虾的出肉加工：虾有海虾和淡水虾两大类，每类中又有若干品种。出虾肉也叫出虾仁，有挤、剥两种操作方法。挤法适用于形体较小的虾；剥法适用于形体较大的虾。

（4）贝壳类的出肉加工：鲜鲍鱼的出肉加工：用薄利刃紧贴壳里层，将肉与壳分离，然后将鲍鱼洗净。

蛤类的出肉加工：一般都是先洗净，后放入冷水锅中煮沸，捞出后将肉剥下。另一种方法是生出，将个大的蛤类洗净后，一片两半，将肉取下。

（5）鱼的出肉加工（如图1-14所示）：先在鱼鳃盖骨后切下鱼头，随后将刀贴着脊骨向里片进，鱼身肚朝外，背朝里，左手就抓住上半片鱼肚。片下半片鱼肚，鱼翻身，刀仍贴脊骨运行，将另半片也片下，随后鱼皮朝下，肚朝左侧，斜刀将鱼刺片去，如果要去皮，大鱼可从鱼肉中部下刀，切至鱼皮处，刀口贴鱼皮，刀身侧斜向前推进，除去一半鱼皮。接着手抓住鱼皮，片下另一半鱼肉。

图1-14 鱼的出肉加工流程

（6）鱼的分档取料（如表1-3和图1-15所示）

表1-3　　　　　　　　　　　　　鱼的分档取料和应用特点

名　称		部　位	用途特点
鱼头		胸鳍为线垂直割下	此部位骨多肉少、肉质滑嫩，适合红烧或煮汤
鱼尾		臀鳍为线垂直割下	鱼尾皮厚筋多、肉质肥美，富含胶原蛋白，适合红烧（红烧划水）或与鱼头同烹
鱼中段（去鱼头尾即为中段）	脊背	鱼脊椎骨上半部	肉多，质地适中，可加工成丝、丁、片、蓉，适合炸、熘、爆、炒的烹调方法
	肚档	靠近鱼腹部下半部	肚档皮厚肉少，脂肪含量丰富，肉质肥美，适合烧、蒸等烹调方法，如红烧肚档、干烧鱼块

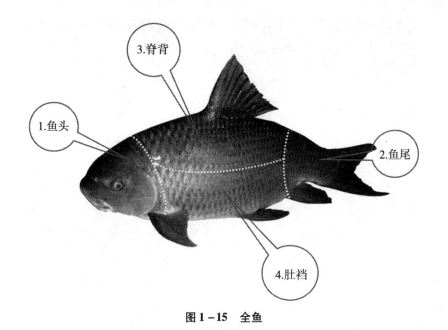

3.脊背

1.鱼头

2.鱼尾

4.肚裆

图 1 – 15　全鱼

四、水产品原料初加工实例演示

实例 1　甲鱼的初步加工（如图 1 – 16 所示）

工艺流程：宰杀——开壳取内脏——烫皮——洗涤——半成品

操作步骤：

（1）宰杀。方法有两种：一种是将甲鱼放在地面，等其爬行时使劲一踩，待其头伸出时用左手握紧头部，然后用刀割断血管和气管，留少许皮连着，放入冷水盆中将血泡出。另一种方法是将甲鱼腹部朝上放在墩子上，待头伸出时将头剁下，倒立入盆中放尽血液。

（2）开壳取内脏。从甲鱼裙边下两侧的骨缝处割开，将盖壳掀起取出内脏、油脂再用清水洗涤干净。

（3）烫皮。甲鱼放入 70℃~80℃ 的热水中烫 2~5 分钟取出（水的温度和烫泡时间可根据甲鱼的老嫩和季节灵活掌握），搓去周身的脂皮，即可取出放入冷水中，将表皮清洗干净。

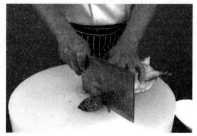

图1-16　甲鱼的初步加工流程

实例2　剥虾仁（如图1-17所示）

挤虾仁要选用鲜虾为原料，用清水洗净虾体，去掉虾头、虾尾和虾壳。剥壳后的纯虾肉即为虾仁。

工艺流程：选料——去掉沙线——剥去虾壳——清水漂洗——备用

操作步骤：

（1）取鲜河虾一只，将虾身的背部拱起用牙签在虾第二节处插入挑出虾线。

（2）去掉虾头、虾壳再将虾仁放在清水中漂洗，沥干水分，即可用来做菜。

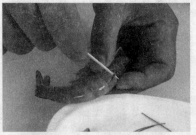

图 1-17 剥虾仁流程

实例3 黄花鱼的初加工（如图 1-18 所示）

黄花鱼肉质细嫩，口部较大，烹饪中这类鱼一般采用口除内脏法。

工艺流程：刮鳞——去内脏——清水漂洗——备用

操作步骤：

（1）黄花鱼先将表面细鳞用小刀刮去，并清洗干净。

（2）将两只竹筷子分别从鱼鳃两侧穿过插入腹腔，双手反拧一周将其内脏卷在筷子上。

（3）双手左右分开逐步内脏拖出，用清水洗净备用。

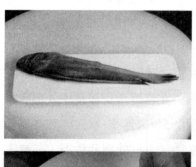

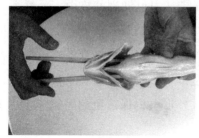

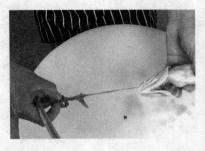

图 1－18　黄花鱼的初加工流程

实例4　整鱼去骨

所谓"整鱼出骨"，就是将整条鱼去骨或剔去主要骨骼，还使鱼身、鱼皮不破，保持原料的完整形态的一种独特的烹饪技法。原料经去骨后不仅易于入味和便于食用，还可瓤填其他原料，并且可使造型美观。原料去骨后较为柔软，可以适当的改变其形状，而制作成象形性的精致菜肴，如八宝瓤鱼。整鱼去骨时，应选600克左右新鲜的鱼，初加工时不要碰破皮，内脏可不去（除骨时一起取出），若要去内脏，可从鳃口处取。鱼体肌肉较软，容易破碎，操作时要特别小心，下刀准确，用力适度。

工艺流程：　（背除法）选料——洗净——去鳞——去鳃——出脊椎骨——出胸肋骨——整理

操作步骤：

（1）背除法（如图 1－19 所示）

背除法是一种常用的整鱼去骨的方法。操作时分两步进行：

①出脊椎骨。将鱼去鳞、鳃、鳍后，平放在菜墩上，鱼头朝外，鱼背朝右。左手按住鱼腹，右手用刀紧贴着鱼的脊椎骨上部片进去，从鳃后到尾部片出一条刀缝，然后用按住鱼腹的左手掀一掀，使这条缝口张裂开来。再从缝口贴骨向里片，片过鱼的脊椎骨，并将鱼的胸骨与脊骨相连处片断（片时不能碰破鱼腹的肉）。当鱼身的脊椎骨与鱼肉完全分离后，将鱼翻身，使头朝里，鱼背朝右，放置在菜墩上，再用同样的方法使另一面鱼肉分离椎骨。然后从背部刀口处将脊背骨拉出，在靠近鱼头和鱼尾处将脊椎骨斩断。鱼身体的整个骨架就基本取出来了，此时鱼头尾仍与鱼肉连在一起。

②出胸肋骨。将鱼腹朝下放在菜墩上，左手从刀口处翻开鱼肉，在被割断的胸骨与脊骨相连处，胸骨根端已露出肉外，右手将刀略斜紧贴胸骨往下片进去，刀从鱼头处向尾部拉出，先将近鱼尾处的胸骨片离鱼身，再用左手将近鱼尾处的胸骨提起，用刀将近鱼头处的胸骨片离鱼身，这样一面的胸骨就全部取下。然后再将鱼翻身掉头，用同样的刀法将另一面的胸骨片去。最后将鱼身合起。外形上仍保持鱼的完整形态。用此法去骨的鱼，适合于制作开片鱼、瓤馅类鱼肴等。

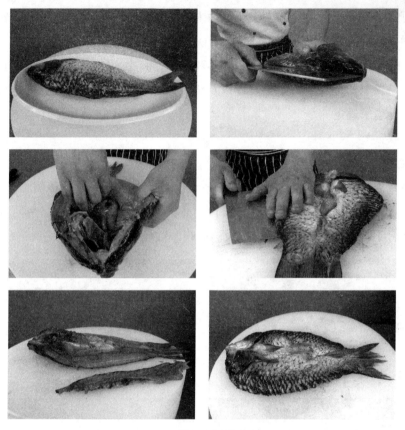

图 1 - 19 整鱼去骨背除法流程

工艺流程：（鳃除法）选料——洗净——去鳞——去鳃——鳃盖划刀——斩断脊骨——平刃刀将肉骨分开——鱼尾划刀——斩断尾骨——平刃刀将肉骨分开——取出鱼刺——整理

（2）鳃除法

①将鱼洗净，去鳞、鳃、鳍后，从鳃部取出内脏，擦干水分。

②将鱼平放在菜墩上，掀起鳃盖，把头与脊骨连接的部位斩断（勿把肉和皮切断）。

③用平刃钢刀或竹刀（用竹片削成钢刀形）从鳃中伸进鱼体内，紧贴鱼刺慢慢向鱼尾推进，使鱼刺和鱼肉分开，先处理腹部，再处理背部；然后将鱼翻个面，用同样方法，使另一面的鱼刺和鱼肉分开。

④从鱼尾处划刀，将尾骨斩断，注意不要敲割破皮（即鱼尾通过鱼皮与鱼肉仍连接着），并从鱼鳃部轻轻取出鱼刺。

此方法的优点是能保持鱼体表皮的完整无损，适合制作高档菜肴。但选料时不宜过大，过大刺硬难取，一般选用 600 克左右的鱼为好。

实例 5　贝类取肉（生取肉、熟取肉）

贝类海鲜是指海洋生物贝类中，能够为人类食用且味道鲜美的贝类。属软体动物门中的瓣鳃纲（或双壳纲）。因一般体外披有 1～2 块贝壳，故名。常见的牡蛎、生蚝、贻贝、文蛤、蛏等都属此类。现存种类 1.1 万种左右，其中 80% 生活于海洋。据了解，贝类食物中毒易发于儿童、孕妇、年长者以及免疫力低下的人群。而食物中毒可以通过正确的存放和处理来避免。

操作步骤：

（1）生出肉（如图 1－20 所示）

①先将贝类肉放在竹篮内，在水中顺一个方向搅动，洗净泥沙，备用。

②贝类洗净后，小刀撬开壳，将肉取下。

本法适合于鲍鱼、牡蛎、文蛤、扇贝、蛤蜊、竹蛏等。

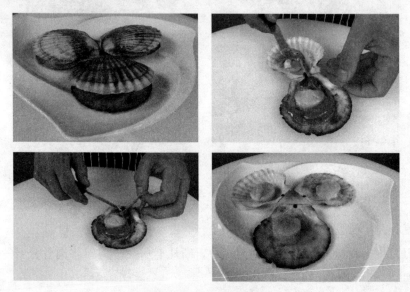

图 1－20　扇贝出肉流程

工艺流程：冷水（或淡盐水）静养（旨在去除污泥）——置水中（或用沸水煮至壳张开）——剥壳——割断闭壳肌——取肉——去除污物（沙砾、筋膜、内脏）——清洗——浸泡

（2）熟出肉

①贝类洗净，放入淡盐水（或冷水）中浸泡 2 小时以上（可在水里放入几滴香油或生锈的铁钉）让其吐尽泥沙，用刷子将青蛤表面清洗干净。

②锅中放入清水，入姜片和绍酒烧开，将贝类放入，煮至开口立即捞出，贝类开口时间先后不一，要及时把开口的贝类捞出来，不然就煮老了；煮好的贝类取肉放盘中，煮贝类的水捞去姜片凉凉待用。

本法适合于鲍鱼、蛏子、海红、蛤蜊、花蛤等。

实例6　河蟹的出肉加工

出蟹肉，也叫剔蟹肉、出蟹粉，先把蟹煮或蒸至壳红黄时捞出（大致需要 15～20 分钟）。出肉时分腿、螯、脐、身四个部分（注意死蟹多变质有毒，不宜食用）按顺序出。在出肉前，要先备好出蟹用的工具：小擀杖、小锤子、剪子、小刀和镊子。螃蟹味美好吃，用蟹肉可做好多菜肴，如山东名菜"扒蟹肉菜心"、广东名菜"蟹黄扒鱼翅"、江苏名菜"清炖蟹粉狮子头"等。

工艺流程：选料——蒸蟹——出腿肉——出螯肉——出蟹黄——出身肉

操作步骤：

（1）出腿肉：将蟹腿取下，剪去一头，用擀杖向剪开的方向滚压，把腿肉挤出。

（2）出螯肉：将蟹螯扳下，用菜刀拍碎蟹壳，取出蟹肉。

（3）出蟹黄：是剥去蟹脐，挖出小黄，再掀下蟹盖，用竹签剔出蟹黄。

（4）出身肉：是用竹签顺着骨纹方向剔出蟹身肉。

在剔蟹肉的过程中，使用的工具有菜刀、剪刀，还有擀杖和竹签，虽然工具不同，但都是针对蟹的不同部位，准确下"刀"，把蟹肉和蟹壳分离开来。

模块小结

本模块详细地介绍了鲜活原料初加工的意义、原则与要求，系统地讲解了植物类原料、禽畜类原料、水产品类原料的初加工的方法，并以烹饪中常见原料的初步加工为操作实例，强调各种原料加工方法的区别及注意事项，力求使学习者通过本模块的学习掌握基本的初步加工方法。

模块二　刀　工

学习目标

1. 正确认识烹饪基本功刀工的重要性。

2. 了解刀具、菜墩、磨刀石的种类和用途。

3. 掌握基本刀法及常见料形的加工方法。

4. 培养吃苦耐劳，爱岗敬业的精神，树立良好的职业道德观。

中国素有"烹饪王国"的美誉。佳肴味美驰名中外，中国菜肴以其独特的质、味、形、色、器五大属性著称于世，美馔佳肴的实现不仅依赖高超烹调技术，更要有精湛的刀工技术与之相配合才能完成。刀工技术是烹饪技术的基础，正确地掌握刀工技术才能为我们学习烹饪技术创造良好的学习条件。

烹饪刀工就是根据烹调与食用要求，采用各种刀法把不同质地的烹饪原料加工成适宜烹饪需要的各种形状的技艺。中国烹饪刀工技术是千百年来人们创造和积累的实践经验总结形成的。充分表现了中国烹饪事业蓬勃发展的历程，继承、发扬、创新、提高刀工技术是当代烹饪工作者的历史使命。

烹饪刀工是烹饪原料形状改变的重要手段，行业中自古就有"三分灶，七分刀"的说法。其作用有以下几点：

1. 利于食用

烹饪原料一般未经刀工处理不便于食用，如大块的牛肉、芋头，我们如将其加工成小型的片、丝等形状，食用起来就很方便。

2. 利于加热和入味

原料形大就不利于成熟，调味品渗入的速度也慢，费时费力，烹调时也不灵活。刀工处理后的原料体积变小，表面积加大，成熟速度和味道的渗入都能加快。

3. 美化菜肴形态提高质感

经刀工处理后的原料能够呈现出造型各异的形态，提升菜肴的档次增加了美感。形态简单的有片、丝、条、块，复杂的样式有麦穗形、荔枝形、菊花形等。

4. 丰富菜肴花色品种

刀工可以把不同质地、颜色的原料经处理后，加工成相近形态，制成菜肴如五彩鸡丝中有鸡肉丝、香菇丝、笋丝、青红椒丝，也可将同一种原料加工成不同形状片、条、块等，极大的丰富了菜肴的品种。

任务一　烹饪刀工基础知识

一、刀具的种类及使用

为了适应不同种类的原料的加工要求，必须掌握各类刀具的性能和用途，选择相应的刀具，才能保证原料成型后的规格和要求，刀具的种类很多，形状和功能各异。按刀具的形状分可分为：方头刀、圆头刀、马头刀、尖头刀等；按刀具的用途分可分为：批刀、切刀、斩刀、前切后斩刀等。无论是以形状分还是以用途分，就一把刀而言，其形状与用途应该是统一的。下面介绍几种常用的刀具。

1. 前切后斩刀（文武刀）（如图 2 - 1 所示）

呈长方形，刀身前高后低，刀刃前平薄而锋利，近似切刀，后略厚而稍有弧度且较钝，近似砍刀。此刀具用途较广，既具有批刀、切刀的功能，能够批切；又具有斩刀的功能，能够斩制原料（不能斩骨太大、太硬的原料），正因为此刀具有多种功能，所以又称文武刀。

2. 片刀（如图 2 - 2 所示）

片刀的重量较轻，刀身薄，刀刃锋利。适合加工无骨无冻的动、植物性原料加工成片、丝、条、丁等基本形状。其材质现多为不锈钢制成。依据用途，又分为刀宽薄、刃平直的干丝片刀；刀窄而刃呈弓形的羊肉片刀；刀窄而刃平直的烤鸭片刀等。

图 2 - 1　前切后斩刀

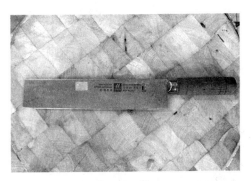

图 2 - 2　片刀

3. 切刀（如图 2 - 3 所示）

切刀形状与批刀相似，刀身比批刀略厚，也略重一些。适合将无骨无冻的原料加工成丝、条等形状，又能加工略带碎小骨或质地稍硬的原料，如螃蟹等。

4. 砍刀（如图 2 - 4 所示）

砍刀重量较重，刀身厚。适合加工质地坚硬、带骨或冰冻肉类、鱼类等原料。

图 2 - 3 切刀

图 2 - 4 砍刀

5. 尖刀（如图 2 - 5 所示）

刀形前尖后宽，重量较轻，多用于剖鱼和剔骨，这种刀是从西餐烹饪刀具引进的，在西餐中制作菜肴中使用较多。

图 2 - 5 尖刀

二、刀具的磨制及保养

俗话说"欲要功其利，必先利其器"。刀具的锋利，能使切制原料表面光滑、完整、美观，也是持刀工作省时省力的条件之一。刀刃的锋利是通过磨刀及其科学的保养来实现的。

1. 磨刀石的种类及用途

磨刀石是磨刀的用具，一般呈长条形，规格尺寸大小不等，常用的有粗磨石、细磨石和油石。

（1）粗磨石（如图2-6所示）

粗磨石是用天然黄沙石料凿成，一般长约35厘米，厚约12厘米，这种磨刀石颗粒粗，质地松而硬，常用于新刀开刃或磨有缺口的刀具。

（2）细磨石（如图2-7所示）

细磨石用天然青沙石料凿成，形状类似粗磨石。这种磨刀石颗粒细腻，质地坚实，能将刀磨快而不伤刀口，应用较为广泛。

图2-6　粗磨石　　　　　　　　　　图2-7　细磨石

一般要求粗磨石和细磨石结合使用，磨刀时先用粗磨石，后用细磨石，这样不仅刀刃磨得锋利，而且能缩短磨刀的时间，延长刀具的使用寿命。

（3）油石（如图2-8所示）

油石属于人工磨刀石，采用金刚沙人工合成，成本较高，粗细皆有，品种较多，一般用于磨砺硬度较高的工业刀具。烹饪用刀应以油石的粗细而选用磨砺的方法。

图2-8　油石

2. 磨刀

（1）准备工作

磨刀前先要把刀面上的油污擦洗干净，以免磨刀时打滑伤手，然后将磨刀石放于磨刀架上，磨刀架以磨刀者身高的一半为宜，磨刀石以前面略低，后面略高为宜。在磨刀石旁再准备好一盆清水，最好是一盆温盐水，这样既可以加快磨刀的速度，同时也可以使刀具磨好后锋利耐用。

（2）磨刀的姿势（如图 2 - 9 所示）

磨刀时要求两脚分开，一前一后，前腿略弓，后腿绷，胸部略向前倾，收腹，右手持刀，左手按住刀面的前端，刀口向外，平放在磨刀石上。

（3）磨刀的方法

①平磨（如图 2 - 10 所示）

磨刀石用水浸湿、浸透，刀面上淋上水，刀身与刀石贴紧，推拉磨制，磨制时两面的磨制次数应相等。适合于磨制平薄的片刀，可以使刀面平滑的同时使刀具的刀刃锋利。

②翘磨（如图 2 - 11 所示）

磨刀石用水浸湿、浸透，刀面上淋上水，刀身与刀石保持一定的锐角角度，推拉磨制。适合于磨制刀身厚重的砍刀或前切后斩刀的后半部分，可以直接对刀刃磨制而不磨及刀面。

图 2 - 9　磨刀的姿势　　　　　图 2 - 10　平磨　　　　　图 2 - 11　翘磨

③平翘结合磨

平翘结合磨是采用平推翘拉的磨刀方式。向前平推是对刀面的磨制，能保持刀面的平滑，平推时应至磨刀石的尽头；向后翘拉是直接磨制刀刃，但又不损伤刀刃，其角度应使刀面与磨刀石始终保持 3 ~ 5 度，切不可忽高忽低。无论是平推还是翘拉，用力都要讲究平稳、均匀、一致。当磨刀石上起沙浆时，须淋水再继续磨制。适合于一般切削刀具的磨制。此种磨制的方法具有平磨和翘磨的双重优点。

（4）刀刃的检验

磨刀完毕后，应对刀刃作如下鉴定才能视其为锋利合格：

①将刀刃朝上，放于眼前观察，刀刃上原有的白线消失；或者用原料试锋时有滞涩的感觉。

②刀具两面平滑，无卷口和手锋现象。

③刀面平整无锈迹，两侧重量均等，无摇头现象。

④刀背及握手的侧面如有刃口，应用粗磨石磨圆，防止操作时割破手。

（5）磨刀时常见问题及原因

①偏锋。磨刀两面用力轻重不一，磨刀次数不等，导致刀锋偏向一侧。

②毛口。角度不对，刀刃磨制过度，呈锯齿状或翻卷状。

③罗汉肚。刀刃前、中、后磨制次数不均，刀中部磨制次数偏少，前、后磨制次数偏多，刀身中腰呈大肚状突出。

④月牙口。刀刃前、中、后磨制次数不均，刀中部磨制次数偏多，前、后磨制次数偏少；或中间磨制时用力过重，刀刃向内呈弧度凹进。

⑤圆锋。用而不磨，膛刀过多，刀刃圆厚，久磨不利。

⑥摇头。前端厚尾端薄，重心不稳，主要因为前后刀刃磨刀时间方法不对。

三、刀具的保养

刀具使用后必须用清洁的抹布擦去刀具上的污物及水分，特别是在加工盐、酸、碱含量较多的原料（咸菜、榨菜、土豆、山药等）之后，更要擦拭干净，否则黏附在刀面上的物质容易与刀具发生化学反应，使刀具腐蚀，变色生锈。刀具使用后应放在安全干燥的地方，这样既能防止生锈，又能避免刀刃损伤或伤及他人。刀具磨制后需洗净擦干，如长时不用应擦上植物油放入套中，或可在刀具的表面涂上一层干淀粉，以防腐蚀生锈。另外平时在使用刀具时应针对不同原料选择适合的刀具，不宜硬砍硬剁，以防止刀刃出现人为的缺口或破损。

四、菜墩的选择使用与保养

菜墩又称菜板、砧板，是刀工处理原料时的衬垫工具。菜墩质量的好坏关系到刀工技术能否正常发挥及原料成型后质量的高低。（如图 2 – 12 所示）

图 2 – 12 菜墩

1. 菜墩的材质与选择

菜墩的材质多种多样，有塑料、合成纤维、竹质、木质等多种材料，各种材质的菜墩特点各不相同。塑料材质的比较容易清洗，但塑料容易加工时进入原料，从而进入人体，对人体有一定的危害，又因塑料材质相对较硬，对于锋利的刀口会产生一定的损坏，故使用较少；合成纤维是一种新型材质，其特点与塑料相似；竹质菜墩是将竹子经过加工后压紧制作而成的，其形状可以是方的也可是圆的，大小可根据需要选择，材质没有塑料的危害，但仍因材质较硬而易损伤刀口；木质的一般选用柳、椴、榆、银杏树木等材质作为材料，这些树木质地坚实，木纹紧密、弹性好，不损刀口，其中以银杏树制作质量最好。用木质材料制作的菜墩要求树皮完整，树心不空、不烂、不结疤。菜墩的截面呈淡青色，颜色均匀，无花斑。具备这些条件，说明材料刚锯下不久，质量较好。

2. 菜墩的使用和保养

一般来说，新购买的菜墩最好放入盐水中浸泡数天，或放入锅中加热煮透，使其中的树汁析出或变性，同时使木质收缩、组织细密，结实耐用，以免干裂变形，影响刀工质量和菜墩的使用寿命。

使用菜墩时，应在墩的整个平面均匀使用，以保持表面磨损均衡，否则，表面会凹凸不平，影响原料成型质量（表面不平，会产生连刀和切面不断现象）。另外，在使用时切忌在菜墩上硬砍硬剁。菜墩使用完毕后，应将菜墩表面的油污刮洗干净，晾干，否则菜墩易发霉变色，既不清洁，也会影响原料质量，但切忌在太阳下暴晒，以防干裂。如发现菜墩表面凹凸不平，应及时修整、刨平。

任务二　刀工的规范化操作

目前刀工主要是以手工操作为主，具有一定的劳动强度。为了防止腰肌、梨状肌及肩周炎等职业病的发作，正确、规范的操作尤其重要，同时还可以提高工作效率，省时省力，也减少人为的手指切伤等事故的发生。另外刀工进行时，工具的卫生与否，会对原料造成直接的影响。

一、刀工操作规范

1. 刀工前准备

刀工前准备是指刀工加工前对操作台位置、应用的工具及卫生工作的调整与准备。

（1）操作台位置是指刀工时的工作台的位置，应以宽松无人碰撞为度。工作台应有调节高度的装置，可随操作人员具体身高调节，一般以操作者的腰高为宜。

（2）工具的陈放位置一般是指刀具、菜墩、杂料盛器、净料盛器、垃圾桶、抹布、水盆等陈放于工作台上，原则上应以方便、整洁、安全、卫生为度。

（3）刀工加工前应对手及应用工具进行清洗杀菌消毒，特别是制作冷菜及不经加热烹调的菜肴更应如此。手可用75%的酒精擦拭，工具可采用蒸汽或高锰酸钾溶液或沸水浸烫杀菌。案板与地面也应保持清洁。

2. 操作姿势

（1）站立姿势

双脚呈八字形或丁字形，脚尖与肩齐，两腿直立，挺腰收腹，与案距约10厘米，双肩水平，双臂收拢自然放松靠腰，目正视，颈自然微向前屈，重心垂直。

（2）握刀姿势（如图2－13所示）

手心紧贴刀柄，小指与无名指屈起紧捏刀柄，中指屈起握刀箍，食指上端按住刀背，前端与大母指相对捏住刀身。

3. 运刀（如图2－14所示）

运刀指刀的运动及双手的配合。运刀用力于腕肘。小臂作用于腕、掌、作弹性切割，匀速运行。切制原料刀工操作时，一般为左手按住原料，母指与小指按住原料两侧，防止原料被切时松散。食指、中指与无名指靠拢按住原料上端，指尖微屈，中指前突于最外端，中指的第一关节抵住刀身，以控制刀距，并起安全防范作用，右手握刀要稳，切

图2－13　握刀姿势　　　　　图2－14　运刀

片时用力要轻重一致，左手随刀的起落而均匀地向后移动，右手起刀的高度不超过左手的第一关节，用于切的加工；片制原料刀工操作时，大母指向上微翘，以防片制原料过程中伤及，其余四指伸平按于料面，食指调节进刀的厚度，且四指用力要均匀，否则会使加工出的原料厚薄不均匀，用于片的加工。

二、常见的各种刀法

刀法的种类很多，各地刀法的名称和操作要求也不尽相同。根据刀刃与菜墩或原料接触的角度，刀法可分为直刀法、平刀法、斜刀法、剞刀法及其他刀法。

1. 直刀法

直刀法是刀刃与墩面或原料基本保持垂直运动的刀法。这种刀法按照用力大小的程度，分为切、斩（剁）、砍（劈）等。

（1）切。切是刀法中刀的运动幅度最小的刀法，因此一般适用于无骨无冻的原料。由于这类原料的性能各不相同，各地的运刀习惯不同，因此又有不同的手法。

①直切（又叫跳切）（如图 2 - 15 所示）一般适用于加工脆性原料，如土豆、黄瓜、萝卜、茭白等。

操作方法：左手按住原料，右手持刀，用刀刃中前部对准原料被切部位，刀体垂直落下将原料切断。

技术要领：左右两手配合要协调而有节奏，左手指自然弯曲呈弓形按住原料，随刀的起伏自然向后移动。右手落刀距离以左手向后移动的距离为准，将刀紧贴着手中指指向下切。因此左手每次向后移动的距离是否相等，是决定原料成型后是否整齐划一的关键。左右两手的配合是一种连续而有节奏的运动。另外，下刀要垂直，用力要均匀，刀刃不能偏斜，否则会使原料形状厚薄不一，粗细不匀。

②推切（如图 2 - 16 所示）适用于加工各种韧性原料，如无骨的新鲜猪、羊、牛肉。通过推的方法可将韧性纤维切断。

图 2 - 15　直切

图 2 - 16　推切

操作方法：左手按住原料，用中指第一个关节。顶住刀膛；右手持刀，用刀刃的前部位对准原料，立即从右后方向左前方推切下去，直至原料断裂。

技术要领：左手按住原状料不能滑动，否则原料成型不整齐。刀落下的同时，立即将刀向前推，一定要把原料一次切断，否则就会连刀。

③拉切（如图2-17所示）是与推切相反方向的一种刀法，与推切的适用范围基本相同，适宜加工各种韧性原料。

操作方法：左手按住原料，用中指第一个关节顶住刀膛，用刀刃后部对准原料的被切位置，刀体垂直而下，切入原料后立即从左前方向右后方切下去，直至原料断裂。

技术要领：与推切基本相同。左手需按住原料，一次切断。

④锯切（如图2-18所示）适宜加工松软易碎的原料，如面包、熟肉等。有些质地较硬的原料也可用锯切，如切火腿，切涮羊肉片（因原料未完全解冻，质地较硬）。

操作方法：锯切是一种把推切与拉切连贯起来的刀法。先将刀向前推，然后再向后拉，这样一推一拉，像拉锯一要并且直至原料切断。一般刀刃不离开原料。

技术要领：如原料质地松散，则落刀不能过快，用力也不能过重，以免原料碎裂或变形。落刀要直，不能偏里或偏外，以免原料形状厚薄不一。

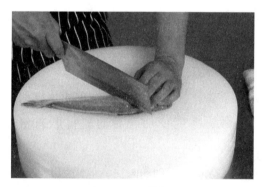

图2-17 拉切

图2-18 锯切

⑤铡切（如图2-19所示）适用于带壳、带细小骨头或形圆体小易滚动的原料，如熟蛋、蟹等。

操作方法：采用铡刀切割的方法。右手握住刀柄，刀刃前端垂下靠着砧墩，刀后部提起，用左手按住被切原料放在刀刃的中部，右手用力压切下去，一次把原料切断。

技术要领：落刀位置要准，动作要快，刀刃要紧贴原料并不得移动，以保持原料形状整齐、刀口光滑，并不使原料内部汁液溢出。

⑥摇切（如图2-20所示）适宜于将形体小、形状圆、容易滑动的原料加工成碎粒，如花生、核桃肉、花椒、开洋等。

操作方法：右手握住刀柄，左手握住刀背前端，将刀刃对准要切的部位，两手交替用力压切下去。操作时刀的一端靠在砧墩上，一端提起，如左手切下去，右手提上来，右手切下去，左手提上来，如此反复摇切，直至把原料切碎。

技术要领：刀上下摇切时，应始终保持一端靠着墩面（因原料小且易动，如刀全部离开墩面会使原料跳动失散）。其次刀要四周运动，并将原料向中间靠扰，用力要均匀，以保持原料开状整齐，大小一致。

图2-19 铡切

图2-20 摇切

⑦滚切（如图2-21所示）（又称滚料切）主要用于把圆形、圆柱形、圆锥形原料加工成"滚料块"（习惯称为"滚刀块"）。

操作方法：右手握住刀柄，左手按住原料，每切一刀，将原料滚动一次。

技术要领：左手滚动的原料斜度要适中，右手紧跟原料的滚动以一定的角度切下去。加工同一种块形时，刀的角度基本保持一致，才能使加工后的原料形态整齐划一。

（2）剁（又称斩）。剁是刀与墩面或原料基本保持垂直运动的刀法，但是用力及幅度比切大。剁一般可分为排剁和直剁。

①排剁（如图2-22所示）是将无骨的原料制成泥蓉的一种刀法。为了提高工作效率，通常用两把刀同时操作。

操作方法：左右两手各持一把刀，两刀之间隔一定距离；两刀一上一下，从左到右，再从右到左，反复排剁，剁到一定程度时要翻动原料，直至将原料剁至细而均匀的泥蓉状。排剁也可用单刀操作。

技术要领：左右两手握刀要灵活，要运用手的力量，刀的起落要有节奏，两刀不能互相碰撞；要勤翻原料，使其均匀细腻；如有粘刀现象，可将刀放在水里浸一浸再斩。

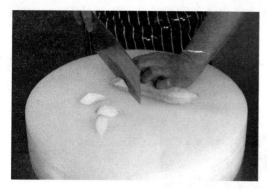

图 2-21　滚切

图 2-22　排剁

②直剁（如图 2-23 所示）这种刀法适用于较硬或带骨的原料，如猪大排、鸡、鸭及略带冰冻的肉类等。

操作方法：左手按住原料，右手将刀对准要剁的部位，垂直用力剁下去。

技术要领：直剁必须准而有力，一刀剁到底，才能使剁的原料整齐美观。如果一刀剁不断，再重复剁一刀，就很难对准原料的刀口，这样就会把原料剁得支离破碎，直接影响到菜肴质量。

（3）砍（又称劈）。是直刀法中用力及幅度最大的一种刀法，一般用于加工质地坚硬或带大骨的原料。砍有直砍、跟刀砍等。

①直砍（如图 2-24 所示）一般适用于带大骨、硬骨的动物性原料或质地坚硬的冰冻原料，如带骨的猪、牛、羊肉，冰冻的肉类、鱼类等。

操作方法：将刀对准原料要砍的部位，用力向下砍，将原料砍断。

技术要领：用力要稳、狠、准，力求一刀砍断原料，以免原料破碎。原料要放平稳，左手扶料应离落刀点远些，如果原料较小，落刀时左手应迅速离开，以防砍伤。

图 2-23　直剁

图 2-24　直砍

②跟刀砍（如图 2-25 所示）适用于质地坚硬、骨大形圆或一次砍不断的原料，如猪头、猪爪、大鱼头等。

操作方法：左手扶住原料，右手将刀刃对准要砍的部位先直砍一刀，让刀刃嵌进原料；然后左手扶住原料，随右手上下起落直到砍断原料。

技术要领：刀刃一定要嵌进原料，左右两手起落的速度应保持一致，以保证用力砍时原料不脱落，否则容易发生砍空或伤手等到事故。

图 2－25　跟刀砍

2. 平刀法

平刀法是刀面与墩面或原料基本接近平行运动的一种刀法。平刀法有平刀片、推刀片、拉刀片、抖刀片、锯刀片等，一般适用于将无骨原料加工成片的形状。其操作的基本方法是将刀平着向原料片进去而不是从上向下地切入。

（1）平刀片（又称平刀批）（如图 2－26 所示）刀法适用于将无骨的软性原料片成片状，如豆腐、鸡鸭血、肉皮冻、豆腐干等。

操作方法：左手轻轻按住原料，右手持刀，将刀身放平，使刀面与墩面几乎平行，刀刃从原料的右侧片进，全刀着力，向左作平行运动，直到片断原料为止。从原料的底部、靠近墩面的部位开始片，是下片法；从原料的上端一层层往下片，是上片法。

技术要领：如从底部片进，刀的前端要紧贴墩面，刀的后端略微提高，以控制成型的厚薄；如从上部片，应左手扶稳原料，刀身切记忽高忽低。片刀时，刀身要端平，刀刃进原料时不得向前或向后移动，以防止原料碎裂。

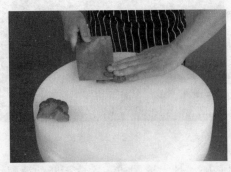

上片法

下片法

图 2－26　平刀片

（2）推刀片（又称推刀批）（如图 2 - 27 所示）适用于将脆性原料，如榨菜、土豆、冬笋、生姜等片成片状。

操作方法：推刀片一般用上片法，左手扶住原料，右手持刀，将刀身放平，刀刃从原料右侧片进后立即向左前方推，直至片断原料。

技术要领：刀刃片进原料后，运行要快，一批到底，以保证原料平整，按住原料的左手，食指与中指应分开一些，以便观察原料的厚薄是否符合要求。

（3）拉刀片（又称拉刀批）（如图 2 - 28 所示）适用于将无骨韧性原料片成片状，如猪肉、鸡胸脯肉、鱼肉、猪膘等。

操作方法：拉刀片一般用下片法，左手掌或手指按稳原料，右手放平刀身，刀刃与墩面保持一定的距离（以原料成型后的厚薄为准），刀刃片进原料后立即向后拉，直至原料片断。

技术要领：原料横截面的宽度应小于刀面的宽度，否则就无法一次片断；如重复进刀，会使片下的片形表面产生锯齿状。另外，刀刃与墩面的距离应保持不变，否则会使原料的成型厚薄不匀。

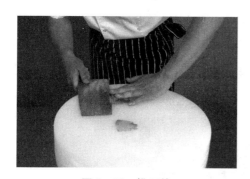

图 2 - 27　推刀片

图 2 - 28　拉刀片

（4）抖刀片（又称抖刀批）（如图 2 - 29 所示）这种刀法用于将质地软弱的无骨或脆性原料加工成波浪片或锯齿片如蛋白糕、蛋黄糕，黄瓜、猪腰、豆腐干等。

操作方法：左手指分开按住原料，右手握刀从原料右倾片进，将刀刃向上下均匀抖动，呈波浪形，直至片断原料。

技术要领：刀刃片进原料后，上下抖动的幅度要一致，不可忽高忽低；随抖动的深浅刀距要一致，以保证原料成型美观。

（5）锯刀片（又称锯刀批）（如图 2 - 30 所示）刀法适用于加工无骨、大块、韧性较强的原料或动物性硬性原料，如大块腿肉、火腿等。

操作方法：锯刀片是一种将推刀片与拉刀片连贯起来的刀法。左手按住原料，右手持刀将刀刃片进原料后，先向左前方推，再向右后方拉，一前一后来回如拉锯，直至片断原料。

技术要领：左手将原料按稳按实，运刀要有力，动作要连贯、协调，否则来回锯刀批时原料滑动易伤人，并达不到质量要求。

图2-29　抖刀片　　　　　　　　　　　图2-30　锯刀片

（6）滚料片（又称滚料批）（如图2-31所示）这种刀法可以把圆形、圆柱形原料，如黄瓜、红肠、丝瓜等加工成长方片。

操作方法：左手按住原料表面，右手放平刀身，刀刃从原料右侧底部批做平行移动，左手扶住原料向左滚动，边片边滚，直至片成薄的长条片。

技术要领：两手配合要协调，右手握刀推进的速度与左手滚动原料的速度应一致，否则就会中途片断原料甚至伤及手指。刀身要放平，与墩面距离应保持不变，否则成型厚薄不匀。

图2-31　滚料片

3. 斜刀法

斜刀法是刀与墩面或原料成小于90°角运动的一种刀法，主要用于将原料加工成片的形状。根据刀的运动方向，一般可分为正刀片和反刀片两种。

（1）正刀片（又称斜刀片或斜刀拉片）（如图2-32所示）一般适用于将软性、韧性原料加工成片状。由于正刀片是刀倾斜片入原料的，加工出片的面积比直刀切的横截面要大一些，因此对厚度较薄，成型规格片的面积要大的原料尤为适用。如加工鱼片时，鱼肉的厚度达不到成型规格，就可用正刀片的方法。

操作方法：左手手指按住原料左端，右手将刀身倾斜，刀刃向左片进原料后，立即向左下方运动，直到原料断开。每片下一片原料，左手指要立即将片移去，再按住原料左端待第二刀片入。

技术要领：两手的配合要协调，不得随意改变刀的倾斜度和进刀距离，以保持片形的大小整齐、厚薄均匀。刀的倾斜度也应根据原料的大小、厚薄与成型规格而定。

（2）反刀片（又称斜刀推片）（如图2－33所示）用于加工脆性、软性原料，如黄瓜、白菜梗、豆腐干等。

操作方法：左手按住原料，右手持刀，刀身倾斜，刀背向里，刀刃向外，刀刃片进原料后由里向外运动。

技术要领：刀要紧贴左手中指的第一关节片进原料，每片一刀，就要将左手向后退一次，每次向后移动的距离要基本一致，以保持片的形状的大小、厚薄一致。

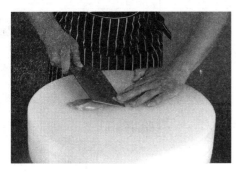
图2－32　正刀片

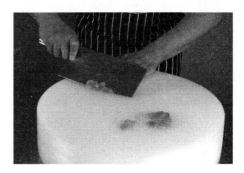
图2－33　反刀片

4. 直、平、斜刀法加工料形规格

烹饪原料加工形状的过程中，原料所成的基本形状主要是块、段、片、条、丝、丁、粒、末、蓉、泥等形状。

（1）块。一般采用直刀法加工而成。质地松软、脆嫩无骨、无冻的原料可采用切的方法，例如蔬菜、去骨去皮的各种肉类都可运用直切、拉切、推切等方法把原料加工成块。而质地坚硬、带皮带骨或有严重冰冻的原料则需用斩或砍的方法把原料加工成块。由于原料本身的限制，有的块形状不很规则，如鸡块、鸭块等，但应尽可能做到块的形状大小整齐、均匀。在加工时，如原料自身形态较小，可根据其自然的形态直接加工成块；如形态较大的原料，则应根据所需规格先加工成段或条，再改刀成块。块的种类很多，常见的有方块、长方块、菱形块、劈柴块、滚料块等。如表2－1所示。

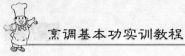

表 2 - 1   块的分类成形

名　称	规　格	成型方法	适用范围	图　例
方块（正方块）	大块边长 4 厘米见方，小块边长 2.5 厘米见方	将原料按规格的边长切或斩成条、段，再按原来长度改刀成块	如鸡块、鸭块、鱼块、肉块等	
长方块	大块长 × 宽 × 厚（高）= 5 厘米 × 3.5 厘米 × 1 ~ 1.5 厘米；小块（又称骨牌块）长 × 宽 × 厚（高）= 3.5 厘米 × 2 厘米 × 0.8 厘米	将原料加工成规定高度成厚片，再按规定的长度改刀成条或段，最后加工成长方块	如鱼块、排骨块等	
菱形块（又称象眼块）	大块边长 × 厚（高）= 4 厘米 × 1.5 厘米；小块边长 × 高 = 2.5 厘米 × 1 厘米	先按高度规格将原料批或切成大片，再按边长规格将切成长条，最后斜切成菱形块	如山药块、芋头块、萝卜块等	
劈柴块	这种块形长短、厚薄、大小不规则，因像烧火用的劈柴而得名	先用刀将原料纤维拍松，再按长方块的成型方法加工成块	如冬笋块、茭白块等	
滚料块	原料成形因菜而定，质地松散略大，反之则小	采用滚料切的方法，每切一刀将原料滚动一次。滚动的幅度大，块形即大；滚动幅度小，块形即小	如土豆、茄子、茭白、笋、莴笋等	

（2）段。段一般用平刀片和直刀法加工而成，适用于无骨的动、植物性原料，其成型方法是将原料先批或切成厚片，再改刀成条，条的粗细取决于片的厚薄，条的两头大多呈正方形或菱形。按条的粗细长短一般可分为粗段、细段两类。如表 2 - 2 所示。

表 2-2　　　　　　　　　　　　　　　　段的分类成形

名　称	规　格	成型方法	适用范围	图　例
粗段	长 × 宽 × 高（厚）=3 厘米 × 1 厘米 × 1 厘米	将原料按规格加工成厚片，再改成条，最后加工成段	如鱼段、肉段、笋段等	
细段	长 × 宽 × 高（厚）= 2.5 厘米 × 0.8 厘米 × 0.8 厘米	将原料按规格加工成厚片，再改成条，最后加工成段	如虾段、山药、黄瓜等	

（3）片。片一般运用切或批的刀法加工而成。蔬菜类、瓜果类原料一般采用直切，韧性原料一般采用推切、拉切的方法。质地坚硬或松软易碎的原料可采用锯切的方法，薄而扁平的原料则应采用批的方法。动物性原料在切片之前，应先去皮、去筋、去骨，一般原料质地嫩、易碎的应厚一些；质地坚硬带有韧性或脆性的应薄一些；用于氽汤的片原料要薄一些；用于滑炒、炸的片要厚一些。片的形状很多，常见的有长方片、柳叶片、月芽片、菱形片、指甲片等。如表 2-3 所示。

表 2-3　　　　　　　　　　　　　　　　片的分类成形

名　称	规　格	成型方法	适用范围	图　例
长方片	大厚片长 × 宽 × 厚 = 5 厘米 × 3.5 厘米 × 0.3 厘米；大薄片长 × 宽 × 厚 = 5 厘米 × 3.5 厘米 × 0.1 厘米；小厚片长 × 厚 × 宽 = 4 厘米 × 2.5 厘米 × 0.2 厘米；小薄片长 × 宽 × 厚 = 4 厘米 × 2.5 厘米 × 0.1 厘米	先按规格将原料加工成段、条或块，再用相应的刀法加工成片（长、宽、厚可根据原料的性质及大小而定）	如土豆、萝卜、黄瓜、草鱼肉、猪腰、猪肚等	

名　称	规　格	成型方法	适用范围	图　例
柳叶片	长约5~6厘米，厚约0.1~0.2厘米，呈薄而狭长的半圆片，状如柳叶	将圆柱形原料顺长从中间切开，再斜切成柳叶片	如黄瓜、红肠、胡萝卜等	
月芽片	片呈半圆形，厚度0.1~0.2厘米	将球形、圆柱形原料一切二，再切成半圆形的薄片。片的大小一般根据原料的粗细、大小而定	如胡萝卜、山药、黄瓜等	
菱形片（又称象眼片）	形状似菱形块，厚度在0.1~0.3厘米	①可加工成菱形块后再批或切成菱形片；②先加工成整齐的长方条，再斜切成菱形片	如茭白、冬笋、毛笋等	
指甲片	片形较小，一端圆，一端方，形如大拇指甲	一般用直切或斜刀批的方法。把圆柱形原料一切二，如大小合适，就用直切的方法切成指甲片；如半径不够，则用斜刀批方法将原料批成指甲片	如生姜、白菜、苦瓜等	

（4）条。条状一般适用于无骨的动物性原料或植物性原料，其成型方法是将原料先批或切成厚片，再改刀成条。因此，条的粗细取决于片的厚薄，条的两头应呈正方形。按条的粗细长短一般可分为筷梗条、小指条、一字条等。如表2-4所示。

表2-4　　　　　　　　　条的分类成形

名　称	规　格	适用范围	图　例
筷梗条	长4～6厘米，宽和厚为0.5厘米（如筷子粗）	如干煸牛肉	
小指条	长4.5厘米，宽和厚为1厘米左右，如小指粗	如干煸土豆等菜肴，将原料加工成小指条	
一字条	长4～6厘米，宽、厚为1.2厘米，如大拇指粗	如糖醋排条、姜汁黄瓜的刀工成型均为大指条	

（5）丝。丝是一种比较精细的基本形态，操作技术难度高。成丝标准粗细均匀、长短一致、不连刀、无碎粒（如表2-5所示）。操作过程中要掌握以下几点：

①厚薄均匀，长短一致。丝的成型方法一般也是先将原料加工成薄片，再改刀成丝。片的长短决定了丝的长短，片的厚薄决定了丝的粗细，因此在批或切片时要注意厚薄均匀。切丝时要注意长短一致，粗细一致。

②排叠整齐，高度恰当。原料加工成薄片后，应根据原料的性质采用相应的排叠法排叠整齐，而且不宜叠得过高，这样才能保证切丝时既快又好。片排叠是否恰当，与原料成型有很大关系。

③原料不得滑动。在切丝时，用左手按住原料使原料，不能滑动。否则原料成型后就会出现大小头，粗细不匀。

④根据原料性质决定丝的肌纹。原料有老有嫩，如：牛肉的纤维老而且筋络较多。因此应该顶着肌肉纤维切丝，切断纤维；猪羊肉肌肉纤维细长、筋络也较细较少，一般

应斜着肌纹或顺着肌纹切丝；鸡肉、猪里脊肉质地很嫩，必须顺着肌纹切丝，否则烹调时易碎。

⑤根据原料性质及烹调要求决定丝的粗细。丝有粗细之分，从原料性质看，质韧而老的原料可加工得细一些；质松而嫩的原料应切得粗一些。从烹调方法看，用于汆等的丝要细一些，用于滑炒的丝可稍粗一些。按成型的粗细，丝一般可分为粗丝、二粗丝、细丝和银针丝。

表 2－5   丝的分类成形

名　称	规　格	适用范围	图　例
粗丝	长 6 厘米，粗细（宽厚）0.4 厘米	适用于加工牛肉丝等	
二粗丝	长 6 厘米，粗细（宽厚）0.3 厘米	适用于加工鸡丝、里脊肉丝等	
细丝	长 6 厘米，粗细（宽厚）0.2 厘米	适用于加工猪、肉丝，及海蜇、茭白、笋丝等	
银针丝	长 5 厘米（或原料的长度），粗细（宽厚）0.1 厘米	适用于加工姜丝、豆腐丝、豆腐干丝、蛋皮丝、菜松等	

（6）丁。丁的形状一般近似于正方体，其成型方法是先将原料批或切成厚片（韧性原料可拍松后排斩），再由厚片改刀成条，再由条加工成丁。丁的种类很多，常见的有正方丁、菱形丁、橄榄丁等。如表2－6所示。

表2－6　　　　　　　　　　丁的分类成形

名　称	规　格	成型方法	适用范围	图　例
正方丁	大丁为1.5厘米的正方体；中丁为1.2厘米的正方体，小丁0.8厘米的正方体	将原料加工成规定高度成片，再按规定的长度改刀成条，最后加工成正方丁	将各种韧性、脆性、软性原料均可，如酱爆肉丁、宫保鸡丁等菜肴	
菱形丁	因菜而定规格如正方丁，也有大中小之分	方法如菱形块。先将原料批成厚片，再改刀成条，然后成45度角斜切成菱形丁	各种脆性、软性原料均可加工成菱形丁，如青椒、香菇、蛋白糕、蛋黄糕。其主要用作点缀主料形成的辅料，如五彩鱼丁中主料鱼丁为正方丁，为点缀主料，可将辅料加工成菱形丁	

（7）粒（又称米）。粒比丁更小，加工方法与丁基本相似，是由片改刀成条或丝，再由条或丝改刀成粒。其刀工精细，成型要求较高。条或丝的粗细决定了粒的大小根据粒的大小，粒通常可分为黄豆粒、绿豆粒、米粒等。如表2－7所示。

表2－7　　　　　　　　　　粒的分类成形

名　称	规　格	适用范围	图　例
黄豆粒	边长为0.5厘米的正方体	如菜肴"锦绣肚仁"的肚仁成型即为黄豆粒	

名 称	规 格	适用范围	图 例
绿豆粒	边长为 0.3 厘米的正方体	如菜肴"松仁鱼米"中的鱼米成型即为绿豆粒	
米粒	边长为 0.2 厘米的正方体	如菜肴"鱼米之乡"中的鱼肉成型即为米粒	

（8）末（如图 2 - 34 所示）。

成型规格：末比粒更为细小，形状一般不很规则。

成型方法：可将原料切成丁后，再用排斩的刀法加工成末。

适用范围：一般可用于制作肉元、肉馅、菜馅、姜末、蒜末等。

（9）蓉泥（如图 2 - 35 所示）。

成型规格：蓉泥是极为细腻的原料形状。一般来说，动物性原料加工到最细状态为蓉；植物性原料加工到最细状态为泥。

成型方法：动物性原料在制蓉前要去皮、去骨、去除筋膜。虾、鸡、鱼这几种原料纤维细嫩，质地松软，加工时可用刀背捶松，抽去暗筋或细骨，然后用刀刃稍排斩几下即可。植物性原料在制泥前一般要经过初步热处理，含淀粉高的植物性原料要先将原料煮熟去皮，然后用刀膛按塌成泥状，如土豆泥。

图 2 - 34 末

图 2 - 35 蓉泥

适用范围：植物性原料可加工成菜泥、青豆泥、土豆泥等，动物性原料可加工成鸡蓉、鱼蓉、虾蓉等。

5. 剞刀法

剞刀法是一种比较复杂的刀法，是在原料表面切或一些有相当深度而又不断的刀纹，这些刀纹经加热可成各种美观的形状，因此又称之为花刀。剞刀法综合运用了直刀法、平刀法、斜刀法。用剞刀法可使原料成型美观，烹调时原料易于成熟入味，且能保持菜肴的脆嫩，剞刀操作的一般要求是：刀纹深浅一致、距离相等、整齐均匀、互相对称。

（1）直刀剞。这种刀法适用于各种脆性、软性、韧性原料，如黄瓜、猪腰、鸡鸭肫、黑鱼、青鱼、豆腐干等。可制成荔枝形、菊花形、柳叶形、十字形等多种形态，也可结合其他刀法形成更多美观形状，如麦穗形、松鼠形等。

直刀剞与直刀法中的直切（用于软性、脆性原料）、推切、拉切（用于韧性原料）基本相似，只是运刀时不完全将原料断开，而是根据原料的成型规格在刀进深到一定程度时停刀。

（2）斜刀剞。斜刀剞有斜刀推剞和斜刀拉剞之分。

①斜刀推剞这种刀法适用于各种韧性原料、脆性原料，如猪腰、鱿鱼、猪肉、鱼类等，可结合其他刀法加工出麦穗形、蓑衣形等多种美观形状。

斜刀推剞与斜刀法中的反刀批基本相似，只是在运刀时不完全将原料断开，而是根据原料成型规格在刀进深到一定程度停刀。

②斜刀拉剞可结合运用其他刀法加工出多种美观形态，如灯笼形、葡萄形、松鼠形、牡丹形、花枝片等。

斜刀拉剞与斜刀法中的正刀片基本相似，只是在运刀时不完全将原料断开，而根据原料成型规格在刀进深到一定程度时停刀。

任务三　常用刀法实例演示

实例1　土豆丝的加工（如图2－36所示）

工艺流程：选料——清洗——去皮——切片——切丝——漂水——成型

操作步骤：将土豆清洗干净后去皮，用直刀法将土豆切成0.2厘米厚的片，将片叠成瓦楞形，再直刀切成0.2厘米粗的丝，重复此法将原料切完即可，将切好的丝漂水后盛放。

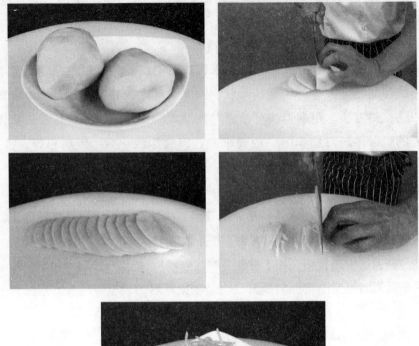

图2-36 土豆丝的加工流程

实例2 榨菜丝的加工（如图2-37所示）

工艺流程：选料——清洗——片片——切丝——成型

操作步骤：将榨菜清洗干净后去硬皮，用平刀法将榨菜一分为二，再用平刀片将其片成0.3厘米的薄片，将片叠成瓦楞形，再直刀切成0.3厘米粗的丝，重复此法将原料切完即可。

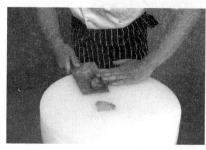
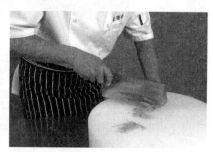

图 2 - 37　榨菜丝的加工流程

实例 3　鸡丝的加工（如图 2 - 38 所示）

工艺流程：选料——清洗——片片——切丝——成型

操作步骤：将鸡脯肉清洗，用拉刀批将鸡脯肉块片成 0.2 厘米厚的片，将片叠成瓦楞形，再直刀拉切成 0.2 厘米粗的丝，重复此法将原料切完即可。

图2-38　鸡丝的加工流程

实例4　鱼片的加工（如图2-39所示）

工艺流程：选料——取肉——改块——片片——成型

操作步骤：将青鱼或草鱼分档取肉，清洗后改成长4厘米，宽2.5厘米的块，用正刀批将鱼肉块批成0.2厘米厚的片，重复此法将原料批完即可。

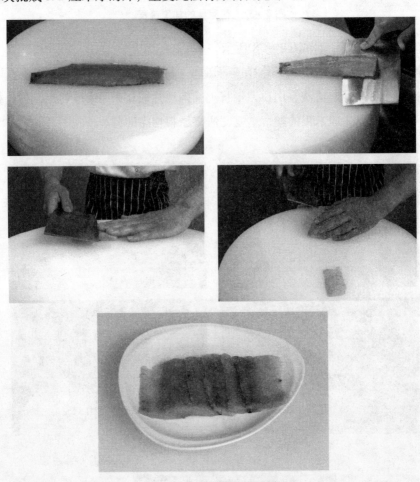

图2-39　鱼片的加工流程

实例5 蜈蚣茄子（如图2-40所示）

工艺流程：选料——清洗——斜刀切——反转直切——成型

操作步骤：将茄子清洗干净，剥去茄子蒂。在茄子的一侧从头至尾每间隔0.5厘米切斜一字刀纹，深度为原料4/5；茄子反转180度用直刀法也是从头至尾切宽度为0.5厘米深度4/5的刀纹，茄子可拉伸变长但不断。

图2-40 蜈蚣茄子花刀流程

实例6 麦穗形鱿鱼（如图2-41所示）

操作步骤：

（1）用斜刀推剞法在鱿鱼内侧剞上一条条平行的刀纹，深度为原料的2/3。

（2）将原料转一角度，用直刀剞的刀法，剞成一条条与斜刀推剞刀纹成直角相交的平行刀纹，浓度为原料的2/3。

（3）改刀成长约4~5厘米、宽约2~2.5厘米的长方形。

（4）加热后，即形成如麦穗的形状。

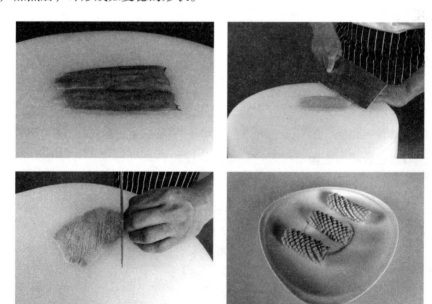

图2-41 麦穗形鱿鱼流程

实例7　菊花形豆腐（如图2-42所示）

操作步骤：

（1）将日本豆腐改刀成边长为3~5厘米的段。

（2）先用直刀剞的方法，将豆腐剞成（深度为原料的4/5）刀距为0.2~0.3厘米的刀纹。

（3）把豆腐换一个角度，仍用直刀剞的刀法，剞成一条条与第一次刀纹垂直相交的刀纹，深度仍为原料的4/5，刀距也是0.2~0.3厘米。菊花形也可以在猪里脊等无骨原料上使用。

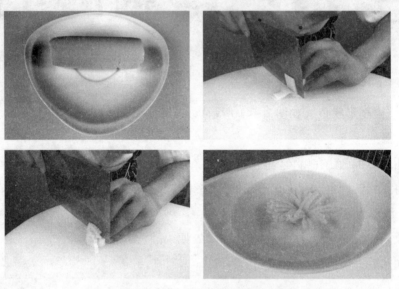

图2-42　菊花形豆腐流程

实例8　荔枝形猪腰（如图2-43所示）

操作步骤：

（1）在猪腰内侧（已去掉腰臊）先用直刀剞的方法剞成花纹。

（2）将原料转一角度，用直刀剞的方法，剞成与第一次刀纹成45°角相交的花纹。

（3）改刀成边长约为3厘米的等边三角形块或边长为2厘米的菱形块；加热后卷曲成荔枝形。

图 2－43　荔枝形猪腰流程

实例 9　松鼠形鱼（如图 2－44 所示）

操作步骤：

（1）去鱼头后沿脊椎骨将鱼身剖开，离鱼尾 3 厘米处停刀，然后去掉脊椎骨，批去胸肋骨。

（2）在两扇鱼肉上剞上直刀纹，刀距约 0.6 厘米，进深为剞至鱼皮。

（3）再用斜刀剞的刀法，剞成与直刀成直角相交的刀纹，刀距为 0.6 厘米，进深也剞至鱼皮。

（4）拍粉加热后即成松鼠形。

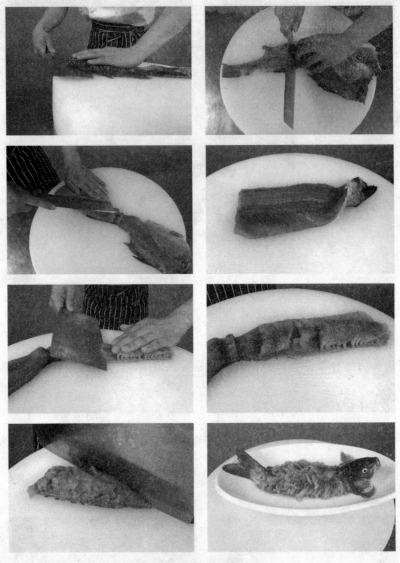

图 2 – 44　松鼠形鱼流程

实例 10　灯笼形花刀（如图 2 – 45 所示）

操作步骤：

（1）将原料片成大片后，改成长约 4 厘米、宽约 3 厘米、厚为 2～3 毫米的片。

（2）在原料一端斜着拉剞上两刀深度为原料厚度的 3/5 的刀纹，然后，在原料另一端同样剞上两刀（相反的方向剞刀）。

（3）将原料转一个角度直刀剞上深度为原料厚度的 4/5 的刀纹。经加热后即卷曲成灯笼形。

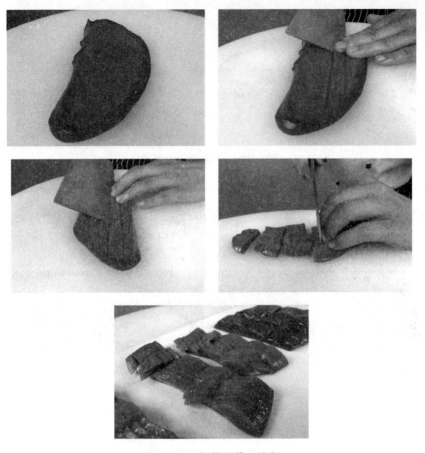

图 2 - 45　灯笼形花刀流程

实例 11　葡萄形花刀（如图 2 - 46 所示）

操作步骤：

（1）选用长约 12 厘米、宽 7 ~ 8 厘米的带皮草鱼肉。

（2）45°对角直刀剖，深度为原料的 5/6，刀距为 1.2 厘米。

（3）把鱼肉换一角度，仍用直刀剖的刀法，剖成与第一次刀纹成直角相交的平等刀纹，刀距和深度与第一次相同。

（4）加热后即形如一串葡萄，如用青椒做成葡萄叶和藤就更为形象了。

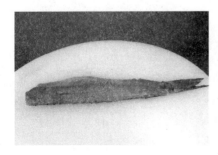

图 2－46　葡萄形花刀流程

实例 12　斜一字形黄花鱼（如图 2－47 所示）

操作步骤：在黄花鱼两面剞上斜一字排列的刀纹，刀距一般在 1~2 厘米，刀距、刀纹深浅都要均匀一致，背部刀纹深，腹部刀纹浅。

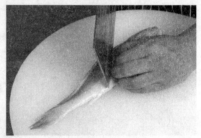

图 2－47　斜一字形黄花鱼流程

实例 13　柳叶形武昌鱼（如图 2－48 所示）

操作步骤：在鱼的中央靠近脊背顺长直刀剞上距离相等的刀纹，再以第一刀为中线在两边各斜剞上距离相等的刀纹即成柳叶形。

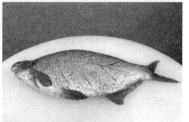

图 2-48 柳叶形武昌鱼流程

实例 14 十字形武昌鱼（如图 2-49 所示）

十字形花刀是在整鱼身体的两面，用直刀剖的方法制作而成的。十字形花刀种类很多，有十字形、斜双字形、多十字形等。一般鱼体大而长的可剖多十字形花刀，刀距可密些，鱼体小可剖单一字形，如干烧鲤鱼、红烧鲢鱼。

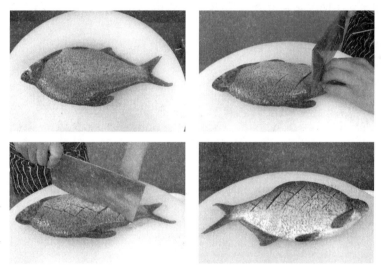

图 2-49 十字形武昌鱼流程

实例 15 牡丹形草鱼（如图 2-50 所示）

操作步骤：在鱼身两面每隔 3 厘米直刀剖一刀，剖至脊椎时将刀端平，再沿脊椎向前平推 2 厘米时停刀，将肉片翻起，再在每片肉上都剖上一刀。原料每面翻起 7~12 刀，加热后鱼肉翻卷，如同牡丹花瓣。

图 2-50　牡丹形草鱼流程

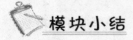 模块小结

　　本模块详细介绍了刀工在烹饪中的作用、烹饪刀具的种类及特点，明确了刀工规范化操作的重要性，并以实物图片展示了常见的各种刀法在烹饪中的运用，使学习者更加深刻地认识到刀工技能的重要性与实用性。

模块三　勺　工

学习目标

1. 了解各种锅、勺的种类规格、用途及保养方法。

2. 掌握临灶翻勺的基本姿势，翻勺的方法。

3. 培养学生坚持不懈的韧性和吃苦耐劳的精神

翻勺是烹调师重要的基本工之一，翻勺的好坏对于菜肴的质量有一定的影响。学习翻勺的基本训练知识，可使实际操作动作更加规范化，降低劳动强度，有益人体健康。在烹制菜肴的过程中，始终都离不开炒勺或炒锅的使用，翻勺技艺对烹调成菜至关重要，也会影响到成品菜肴的品质。

翻勺技术功底的深浅可直接影响菜肴的质量。炒勺置火上，料入炒勺中，原料由生到熟只是瞬间的变化，稍有不慎就会失误。因此，翻勺对菜肴的烹调至关重要。翻勺的作用主要表现五个方面：

1. 使烹饪原料受热均匀

烹饪原料在炒勺内的温度的高低，一方面可以通过控制火源进行调节；另一方面则可运用翻勺来控制，通过翻勺可使烹饪原料在炒勺内受热均匀。

2. 可使烹饪原料入味均匀

由于炒勺内的原料不断翻动，因此勺内的各种调料能够快速均匀地溶解，充分与菜肴中的各种原料混合掺透，达到入味均匀的目的。

3. 可使烹饪原料着色均匀

通过翻勺的运用，确保成品菜肴色泽均匀一致，如用煎、贴烹调方法制作菜肴是上色，有色调料在菜肴中的分布，均是依靠翻勺实现的。

4. 可使烹饪原料裹芡均匀

通过晃勺、翻勺，可以达到芡汁均匀包裹原料的目的。

5. 可保持菜肴的形态

许多菜肴要求成菜后要保持一定的形态，如用扒、煎等烹调方法制作的菜肴均须采用大翻勺将勺中的原料进行180°的翻转，以保持其形态的完整。

任务一 炒勺与炒锅的种类、用途及保养

一、炒勺与炒锅的种类

（1）炒勺亦称单柄勺（如图3-1所示）通常是用熟铁加工而成的。炒勺在我国北方地区的餐饮业使用较为普遍，根据烹制菜肴的容量分为大、中、小三种型号。按炒勺的外形及用途又可分为：炒菜勺、扒菜勺和烧菜勺。

①炒菜勺的外形特征为：勺壁比扒菜勺稍厚，其弧度比扒菜勺小，勺口径也比扒菜勺小。其主要用于炒、熘、爆、烹等烹调的方法的制作。

②扒菜勺的外形特征为：勺底比炒菜勺厚，勺壁薄、勺底厚、径大且浅。其主要用于煎、扒等烹调方法的制作。

③烧菜勺的外形特征为：勺底、勺壁均厚于炒菜勺，勺口径大小与炒菜勺相同，但比炒菜勺稍深。其主要用于烧、焖、炖等烹调方法的制作。

（2）炒锅又称煸锅、双耳锅（如图3-2所示）通常是用熟铁加工制成的（也有用生铁制成的）。炒锅在我国南方地区的餐饮业使用较为广泛，根据烹制菜肴的容量分为大、中、小三种型号。按炒锅的外形及用途可分为：炒菜锅和烧菜锅。

①炒菜锅的外形特征为：锅底厚，锅壁薄且浅，分量轻。其主要用于炒、熘、爆等烹调方法的制作。

②烧菜锅的外形特征为：锅底、锅壁厚度一致，锅口径稍大，比炒菜锅略深。其主要用烧、焖、炖等烹调方法的制作。

图3-1 炒勺

图3-2 炒锅

（3）手勺（如图3-3所示）是烹调中搅拌菜肴、添加调料、舀汤、舀原料、助翻菜肴以及盛装菜肴的工具，一般用熟铁或不锈钢制成。手勺的规格分为大、中、小三种型号。应根据烹调的需要，选择使用相应型号的手勺。

（4）漏勺（如图3-4所示）是烹调中捞取原料或过滤之用的工具，用熟铁或不锈钢材料制成。漏勺的外形与炒勺相似，只是漏勺内有许多排列有序的圆孔，利于液体原料的泄漏。

（5）油筛网（如图3-5所示）是烹调中过滤油脂中杂物的用具，一般是全金属制成，网孔较为密集，能够有效的过滤出油中的细小杂质。

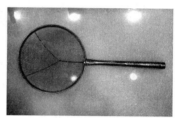

图3-3 手勺　　　　　　图3-4 漏勺　　　　　　图3-5 油筛网

二、炒勺的保养

（1）新炒勺使用前，先用旺火将其烧白至红去掉表面铁锈油层，再用清水洗刷干净，最后用食油润透，使之干净、光滑、油润，这样烹调时原料不易粘锅。

（2）炒菜勺每次用完后应以炊帚擦，再用洁布擦干，保持勺内光滑洁净。否则再使用时易粘锅。如炒勺上芡汁较多不易擦净，可将炒勺放在火源上，把芡烤干后再用炊帚擦净；也可撒上少许食盐用炊帚擦净，再用洁布擦干净。烧菜勺、汤勺等每次用完后，直接用水刷洗干净即可。

（3）炒勺每次使用后，都要将炒勺的里面、勺底部和把柄彻底清理、刷洗干净。

任务二 翻勺的基本姿势

翻勺的基本姿势主要包括握勺的手势与临灶操作的基本姿势。

一、握勺的手势

握勺的手势主要包括握炒勺的手势和握手勺的手势。

1. 握炒勺的手势

（1）握单柄勺的手势（如图3-6所示）左手握住勺柄，手心朝右上方，大拇指在勺柄上面，其他四指弓起，指尖朝上，手掌与水平面约成140度夹角，合力握住勺柄。

（2）握双耳锅的手势（如图3-7所示）用左手大拇指握紧锅耳的左上侧，其他四指微弓朝下，右斜张托住锅壁。

以上两种握勺、握锅的手势，在操作时应注意不要过于用力，以握牢、握稳为准，以便在翻勺中充分支用腕力和臂力的变化，使翻勺灵活自如，达到准确无误的程度。

图3-6　握单柄勺的手势

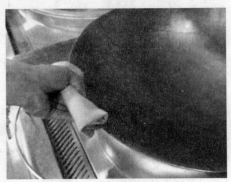
图3-7　握双耳锅的手势

2. 握手勺的手势（如图3-8所示）

用右手的中指、无名指、小拇指与手掌合力握住勺柄，主要目的是在操作过程中起到勾拉、搅拌的作用。具体方法是：食指前伸（对准勺碗背部方向），指紧贴勺柄右侧，大拇指伸直与食指、中指合力握住手勺柄后端，勺柄末端顶住手心。要求持握牢而不死，施力、变向均要做到灵活自如。

二、临灶操作的基市姿势

临灶操作的基本姿势（如图3-9所示），是从方便操作、有利于提高工作效率和减轻疲劳、降低劳动强度、有利于身体健康等方面考虑的，具体要求如下：

（1）面向炉灶站立，身体与灶台保持一定的距离（约10厘米）。

（2）两脚分开站立，两脚尖与肩同宽，为40～50厘米（可根据身高适当调整）。

（3）上身保持自然正直，自然含胸，略向前倾，不可曲背，目光注视勺中原料的变化。

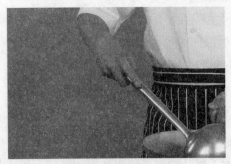
图3-8　握手勺的手势

图3-9　临灶操作的基本姿势

三、勺法的训练

勺工就是厨师临灶运用炒勺（或炒锅）的方法与技巧的综合技术。即在烹制菜肴的过程中，运用相应的力量及不同方向的推、拉、送、扬、托、翻、晃、转等动作，使炒勺中的烹饪原料能够不同程度地前后左右翻动，使菜肴在加热调味、勾芡和装盘等方面达到应有的质量要求。

翻勺的基本要求是：

（1）操作时精神要高度的集中，脑、眼、手合一，两手协调紧密而有规律地配合。

（2）根据烹调方法和火力的大小，掌握翻勺的时机和力量。

（3）操作时要保持灵活的站姿，熟练掌握各种翻勺的技能、技巧和手勺配合使用的方法。

（4）烹调工作在高温的条件下进行，是一项较为繁重的体力劳动，平时应注意锻炼身体，要有健康的体魄，有耐久的臂力与腕力。

任务三 翻勺的基本方法

烹调过程中，原料要想在炒勺内达到成熟度一致、入味均匀、着色均匀、裹芡均匀，除了用手勺搅拌以外，还要用翻勺的方法达到上述要求。翻勺的技术对菜肴的质量关系重大。翻勺的方法很多，按原料在勺中运动幅度的大小和运动的方向可分为小翻勺、大翻勺、前翻勺、后翻勺、左翻勺、右翻勺，还有其他几种翻法，如助翻勺、晃勺、转勺以及手勺的运用等技法。翻勺时一般是左手持握炒勺，右手持握手勺。

一、小翻勺

小翻勺（又称颠勺），是最常用的一种翻勺方法。这种方法因原料在其中运动的幅度较小，故称小翻勺。其具体方法有前翻勺和后翻勺两种。

（1）前翻勺也称正翻勺，是指将原料由炒勺的前端向勺柄方向翻动，其方法分拉翻勺和悬翻勺两种。

①拉翻勺（又称拖翻勺）（如图 3 - 10 所示）即在灶口上翻勺，指炒勺底部依靠着灶口边沿的一种翻勺技法。

运用方法：左手握住勺（或锅耳），炒勺向前倾斜，先向后轻拉，再迅速向前送出，以灶口边为支点炒勺底部紧贴灶口边沿呈弧形下滑，至炒勺前端还未触碰到灶口前沿时，将炒勺的前端略翘，然后快速向后勾拉，使原料翻转。

技术关键：拉翻勺是通过小臂带动大臂的运动，利用灶口的杠杆作用，使勺底在上面前后呈弧形滑动；炒勺向前送时速度要快，先将原料滑送到炒勺的前端，然后顺势依靠腕力快速向后勾拉，使原料翻转。这"拉、送、勾拉"三个动作要连贯、敏捷、协调、利落。

适合范围：这种翻勺方法在实践操作中应用较为广泛。单柄勺、双耳锅均可使用，主要用于熘、炒、爆、烹等烹调方法的制作。

②空翻勺（又称悬翻勺）（如图3－11所示）是指将勺端离灶口，与灶口保持一定距离的翻勺方法。

运用方法：左手握住勺柄，将勺端起，与灶口保持一定距离（为20～30厘米），使炒勺前低后高，先向后轻拉，再迅速向前送出。原料送至炒勺前端时，将炒勺的前端略翘，快速向后拉回，使原料做一次翻转。

技术关键：向前送时速度要快，同时炒勺向下呈弧形运动；向后拉时，炒勺的前端要迅速翘起。

适合范围：这种翻勺方法单柄勺、双耳锅均可使用，主要适用于熘、炒、爆、烹等烹调方法的制作。

图3－10　拉翻勺

图3－11　空翻勺

（2）后翻勺又称倒翻勺（如图3－12所示）是指将原料由勺柄方向向炒勺的前端翻转的一种翻勺方法。

运用方法：左手握住勺柄，先迅速后拉，使炒勺中原料移至炒勺后端，同时向上拖起。当拖至大臂与小臂成90°角时，顺势快速前送，使原料翻转。

技术关键：向后拉的动作和向上托的动作要同时进行，动作要迅速，使炒勺向上呈弧形运动。当原料运行至炒勺后端边沿时，快速前送，"拉、托、送、接"四个动作要连贯协调，不可脱节。

适合范围：后翻勺一般适用于单柄勺，主要用于烹制汤汁较多的菜肴，旨在防止汤汁溅到握炒勺的手上。

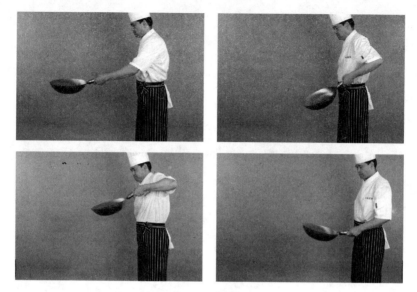

图 3 – 12　后翻勺流程

二、大翻勺

大翻勺（如图 3 – 13 所示）是指将炒勺内的原料，一次性做 180° 翻转的一种翻勺方法，因翻勺的动作及原料在勺中翻转幅度较大，故称之为大翻勺。大翻勺技术难度较大，要求也比较高，不仅要使原料整个地翻转过来，而且翻转过来的原料要保持整齐、美观、不变形。大翻勺的手法较多，大致可分为前翻、后翻、左翻、右翻等几种，主要是按翻勺的动作方向区分的，基本动作大致相同，目的一样。因大翻勺中前翻在实际工作中动作优美具有一定表演性，所以大翻勺为例介绍的翻勺制作技法。

运用方法：左手握炒勺，先晃勺，调整好炒勺中原料的位置，略向后拉，随即向前送出，接着顺势上扬炒勺，将炒久内的原料抛向炒勺的上空，在上扬的同时，炒勺向里勾拉，使离勺的原料，呈弧形做 180° 翻转，原料下落炒勺向上托起，顺势接住原料一同落下。

技术关键：

（1）晃勺时要适当调整原料的位置，若是整条的鱼，应鱼尾向前，鱼头向后。若码形为条形状的，要顺条翻，不可横条翻，否则易使原料散乱。

（2）"拉、送、扬、带、托、翻、接"的动作要连贯协调、一气呵成。炒勺向后拉时，要带动原料向后移动，随即向前送出，加大原料在勺中运行的距离，然后顺势上扬，利用腕力使炒勺略向里勾拉，使原料完全翻转。接原料时，手腕有一个向上托的动作，并与原料一起顺势下落，以缓冲原料与炒勺的碰撞，防止原料松散及汤汁四溅。

（3）除翻的动作要求敏捷、准确、协调、衔接外，还要求做到炒勺光滑不涩。晃勺时可淋少量油，以增加润滑度。

适合范围：大翻勺主要用于扒、煎、贴等烹调方法的制作。单柄勺、双耳锅均可使用大翻勺方法。

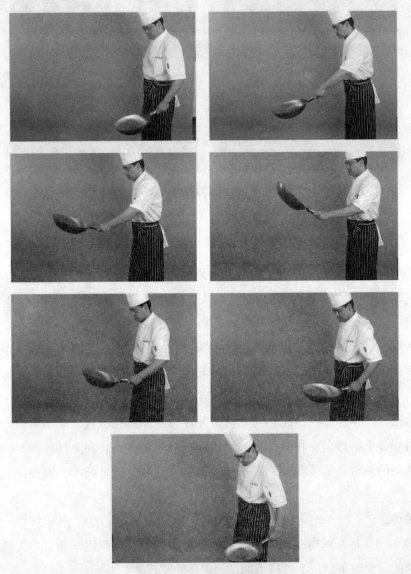

图 3 - 13　大翻勺流程

三、助翻勺

助翻勺（如图 3 - 14 所示）是指炒勺动时，手勺协助推动原料翻转的一种翻勺技法。

运用方法：左手握炒勺，右手持手勺，手勺在炒勺的上方里侧，炒勺先向后轻拉，再迅速向前送出，手勺协助炒勺将原料推送至炒勺的前端，顺势将炒勺前端略翘，同时手勺推翻原料。最后炒勺快速向后拉回，使原料做一次翻转。

技术关键：炒勺向前送的同时，利用手勺的背部由后向前推助，将原料送至炒勺的前端。原料翻落时，手勺迅速后撤或抬起，防止原料落在手勺上。在整个翻勺过程中左右手配合本协调一致。

适合范围：助翻勺主要用于原料数量较多、原料不易翻转的情况下，或使芡汁均匀挂住原料。单柄勺、双耳锅均可使用助翻勺方法。

四、晃勺

晃勺（如图 3-15 所示）亦称转菜，是指将原料在炒勺内旋转的一种勺工技艺。晃勺是使原料在炒勺内受热均匀，防止粘锅；调整原料在炒勺内的位置，以保证翻勺或出菜装盘的顺利进行。

运用方法：左手握住炒勺柄（或锅耳）端平，通过手腕的转动，带动炒勺做顺时针或逆时针转动，使原料在炒勺内旋转。

技术关键：晃动炒勺时，主要通过手腕的转动及小臂的摆动，加大炒勺内原料旋转的加辐度，力量的大小要适中。力量过大，原料易转出炒勺外；力量不足，原料旋转不充分。

适合范围：晃勺应用较广泛，在用煎、贴、扒等烹调方法制作菜肴时，以及在翻勺之前都可运用。此种方法单柄勺、双耳锅均可使用。

五、转勺

转勺（如图 3-16 所示）亦称转锅，是指转动炒勺的一种勺工技术。转勺与晃勺不同，晃勺是炒勺与原料一起转动，而转勺是炒勺转动、原料不转动。通过转勺，可防止原料粘锅。

运用方法：左手握住勺柄，炒勺不离灶口，快速将炒勺向左或向右转动。

技术关键：手腕向左或向右转动时速度要快，否则炒勺会与原料一起转，起不到转勺的作用。

适合范围：这种方法主要用于烧、扒等烹调方法的制作，单柄勺、双耳锅均可使用。

图 3-14　助翻勺

图 3-15　晃勺

图 3-16　转勺

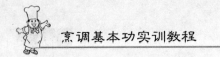

六、手勺的使用

勺工主要是由翻勺动作和手勺动作两部分组成的。手勺要勺工中起着重要的作用，其不单纯是舀料和盛菜装盘，还要参与配合左手翻勺。通过手勺和炒勺的密切配合，可使原料达到受热均匀、成熟一致、裹芡均匀、着色均匀的目的。手勺在操作过程中大致有以下几种方法：

（1）拌法。当用爆、炒等烹调方法制作菜肴时，原料下锅后，先用手勺翻拌原料将其炒散，再利用翻勺方法将原料全部翻转，使原料受热均匀。

（2）推法。当对菜肴施芡时，用手勺背部或其勺口前端向前推炒原料或芡汁，扩大其受热面积，使原料或芡汁受热均匀、成熟一致。

（3）搅法。有些菜肴在即将成熟时，往往需要烹入碗芡或碗汁，为了使芡汁均匀包裹住原料，要用手勺从侧面搅动，使原料、芡汁受热均匀，并使原料、芡汁融合为一体。

（4）拍法。在用扒、熘等烹调方法制作菜肴时，先在原料表面淋入水淀粉或汤汁，然后用手勺背部轻轻拍按原料，可使水淀粉向原料四周扩散、掺透，使之受热均匀，致使成熟的芡汁均匀分布。

（5）淋法。淋法即在烹调过程中，根据需要用手勺舀取水、油或水淀粉，缓缓地将其淋入炒勺内，使之分布均匀。淋法是烹调菜肴时的操作方法之一。

模块小结

本模块介绍了勺工训练在烹饪基本功中的重要性，以及烹饪中常用的炒勺与炒锅的种类及用途，着重讲解了翻勺的基本方法和训练时的注意事项，使学习者在打下扎实的基础。

模块四　干货涨发

 学习目标

1. 了解干货原料涨发的概念、方法和要求。
2. 了解干货原料涨发的基本原理。
3. 熟悉常见干货原料涨发的步骤。
4. 初步掌握常见干货原料涨发的方法。

干货原料，简称干料或干货，是指人们为了便于保藏和运输，对新鲜的动植物原料进行脱水处理而形成的一类食品原料。干货原料包括动物性海味原料、植物性海味原料、动物性陆生原料、植物性陆生原料及陆生菌类、藻类干料等。

鲜活原料有新鲜嫩滑等特点，但因其含水量多，给微生物的生长、繁殖提供了温床，使原料很快腐烂变质。这样，原料生产属季节性的，其他季节就不能取用；原料生产属地域性的，非产区就无法享用，尤其是交通不发达的地区。鲜活原料经过晒、晾、烘等方法脱水加工之后，原料中的细菌会被大量消灭；且由于水分减少，原料干燥，保存储藏的时间久长，可以跨季节使用，可以供应非产地。干货原料比鲜活原料体积小，重量轻，比鲜活原料保存管理省去许多麻烦，因而方便运输，对于开展商贸活动，促进物资交流，丰富烹饪原料市场，推动饮食服务事业的发展和繁荣国民经济，都有重要意义。有些干货原料经脱水加工之后，更有其香甜爽脆的美味，受到消费者的喜爱，如干贝、虾米、鱿鱼、香菇等干货原料，另有一种鲜香特殊的美味，是鲜活原料所不及的。常用的脱水方法有：晒干、风干、烘干等。

任务一　干货涨发原料概述

干货原料涨发是指干货原料在使用前用水、油、盐、碱等物质进行处理，使原料重新吸收水分，从而达到鲜嫩、松软状态的过程。干货原料的涨发是烹饪原料加工技术中一项较复杂的工序。了解干货原料涨发的内涵、方法以及基本原理，对于正确选择涨发方法、掌握干货原料的涨发要领都具有一定的指导意义。干货涨发具有除去原料本身带有的腥臭气味和杂质，便于切配烹调，增强良好的口感，有利于消化吸收的作用。

干货原料复水后，并不能完全恢复原状。原料的复水性下降有多方面的原因，如细胞和毛细管的萎缩变形，其主要原因是胶体中发生的物理变化和化学变化，新鲜原料失去水分后，盐分增浓和热的影响使蛋白质部分变性，失去其在吸水或与水分相结合的能力，同时还会破坏细胞壁的渗透性，细胞受损后（受损一般表现为干裂和起皱），在复水时就会因糖分和盐分流失而使持水能力下降，不能达到原有的饱满状态。因此，干货原料的涨发操作是一个比较复杂的过程，要使干货原料达到预期的涨发效果，需做到以下几点：

一、注意原料的产地和性质

不同地区的同种原料性质各不一样，不同性质的原料的涨发要求就不一样。了解干货原料的产地、种类和性质是采用正确的涨发方法的前提。如鱼翅，吕宋黄、金山黄等翅板较大、沙大、质老，涨发时需多次煮、焖、浸、漂，才能退沙、除腥、回软；而对皮薄质软的一般鱼翅，浸、泡、煮、焖的次数就少些。

二、准确鉴别干货原料的品质

干货原料的品质有老、嫩、优、劣之分，其受干制方法和保藏等因素的影响，涨发时需鉴别原料的品质，以便取得良好的涨发效果。如咸水鱼翅质地稍软，由于回潮而带卤性；淡水货鱼翅质地坚硬；熏板翅涨发时外面沙粒很难除尽，需细心除沙；油根翅易回潮，翅根刀割处的肉腐烂，呈紫红色、腥臭，需浸泡至软去腐肉再行涨发。

三、掌握程序，认真操作

干货原料不同的涨发方法有不同的涨发程序，有各自的技术要领，每个操作环节紧密相连，如有不慎则前功尽弃，所以必须掌握各种涨发方法的程序，认真操作。如油发蹄筋要掌握好油温，以碱水去油时要掌握好碱度和水温。

任务二　干活原料涨发方法

烹饪干货原料在涨发的时常用到水、碱液、油、沙、盐等物质，所以干货原料的涨发方法有以下几类：

一、水发

水发是最基本、最常用的发料方法，是各种干货原料在不同涨发方法中所必需的程序之一。干货原料在水发过程中，干料内部浓度高，外部浓度低，因此产生了一定的渗透压，同时细胞膜具有通透性，水分就通过细胞膜向细胞内扩散，干料吸水膨润。水发受到原料性状、水发温度、水发时间等条件的影响。例如经过高温干制或长期储藏的干货原料，蛋白质严重变性，进而固结，淀粉严重老化，基本失去重新吸水的能力。有些干货原料外表有油质等疏水物质，其复水性差（复水性是指新鲜原料经干制后重新吸收水分的能力）。水的温度、硬度和涨发时间与复水率有关。在干货原料未能达到吸水平衡时，温度越高，复水率越高；硬度越低、时间越长，复水率越高。

根据水发时用水的温度的不同，可分为冷水发、温水发、热水发。

1. 冷水发

冷水发是指将干料直接放入冷水中，待其自然涨发的过程。此法主要适用于体小质嫩的干料，如木耳、银耳、口蘑、发菜等。冷水发还可用于其他发料方法的后续处理。

2. 温水发

温水发是指将干料放在60℃左右的水中，待其自然涨发的过程。它是利用温度升高可加速水分子运动的原理提高发料的速度，涨发的功效比冷水发高。适用温水发的干料与冷水发的大致一样，尤其适用于冬季用冷水发的干料。如口蘑、香菇等。

3. 热水发

热水发是指将干料放在60℃以上的水中进行涨发的过程。用热水发先要用冷水预发，再用热水涨发。此法主要适用于组织细密、蛋白质丰富、体形大的干料。热水发可进一步分为泡发、煮发、焖发、蒸发四种。

（1）泡发是指将干料置于盛器中，直接冲入沸水，使其涨发的过程。有时容器需加盖保温，适用于体积小、质嫩或有异味的原料。如发菜、粉丝等。

（2）煮发是指将干料置于水中后加热煮沸，使干料回软。适合体大质硬的干料，如熊掌、海参、大鱼翅等。煮发时间因物而异，有的需反复煮发，有的还需保持一段微沸的状态。

（3）焖发是煮发的后续过程，是指煮沸后加盖离火，不继续加热，常需反复多次，适合于一些长时间煮沸而外烂内不透的原料。如熊掌、鱼翅、海参等。

（4）蒸发是指将干料洗净，放入盛器内，加入少量水或鸡汤（增鲜）、黄酒（去腥增香）等，置笼屉中用蒸汽加热涨发的过程。蒸发避免了原料与大量的水直接接触，有利于保持鲜味原料的本味和原料外形的完整，同时可使原料增加风味，去除异味。如干贝、鱼骨、莲子等不论采用何种涨发方法，都需对干料进行适当的整理，如海参去内脏、鱼翅去沙等。在涨发过程中要勤观察、换水、分质提取,用冷水发作为最后一道工序,即漂洗。这样可以除去残存的异味,使干料经复水后保持大量水分,最终达到膨润、光滑、饱满的最佳水发效果。

二、碱发

碱发是利用碱性溶液浸泡干料,使其回软涨发的过程。其基本原理与水发相同,不同的是加入了碱性物质帮助涨发,适合于鱿鱼、墨鱼的涨发。因为鱿鱼、墨鱼的体表有一层含有大量疏水物质的薄膜,肌体主要是平滑肌组织,蛋白质严重变性,所以在冷热水中,水分子难以进入,用碱液涨发则有如下优点:①使表面薄膜皂化,溶于水中,水和简单的无机盐可以通过表层。②改变 pH 值,使原料中的蛋白质偏离等电点,增强蛋白质对水分的吸附能力,加快水发速度,缩短水发时间。

碱性溶液发料会破坏原料中的某些营养成分和原料鲜味,还会带入碱的苦涩味,因此,碱发时要注意以下技术要点:

(1)碱水涨发前,要用清水对干料进行预发,减少碱溶液对原料的腐蚀。

(2)根据原料性质和烹调时的具体要求,确定使用哪一种碱液及其浓度。强碱浓度低,反之则高。对同一种碱来说,浓度不同涨发的效果不同,浓度过低,干料发不透;浓度过高,腐蚀性太强,轻则造成腐烂,重则报废。

(3)认真控制碱水温度。在碱发过程中,碱液的温度对涨发效果影响很大,碱液温度越高,腐蚀性越强。如鱿鱼,碱水的温度在 50℃ 左右时,放入后会卷曲,严重影响涨发质量。

(4)及时检查,发好的随时取出,直至发完。

碱发中用到的碱液有:生碱水、熟碱水、火碱水。其配制方法如下:

生碱水是在 10 千克冷水(秋冬可用温水)中加入 500 克的碱面(又称石碱、碳酸钠),和匀,溶化后即为 5% 的生碱水溶液。在使用中还可根据需要调节浓度。在涨发时,将经过预发的原料放入碱水中,涨发到一定程度后,再根据烹调要求,放入 90℃ 的热水中烫泡,烫泡好的原料放入清水中除去碱质,即可用来制作菜肴。生碱水溶液有腻手感,涨发速度慢,操作不易掌握,涨发后的原料较滑腻,色泽也较暗。一般用于干烧、烩类菜肴的制作。如鱿鱼的涨发、燕窝的提质(即助发)。

熟碱水是在 9 千克开水中放入 350 克碱面和 200 克石灰拌和,使其冷却,沉淀后取清液,即可用于干料涨发。在配制熟碱水的过程中,碱和石灰混合后发生化学反应,其中生成物有氢氧化钠。氢氧化钠为强碱,碳酸钠为弱碱。所以用熟碱水发料比用生碱水发料效果好。干料在熟碱水中涨发的程度和速度都优于生碱水。熟碱水对大部分性质坚硬的原料都适用。涨发时不需要提质,原料不黏滑、色泽鲜亮,产出率高。主要用于鱿鱼、墨鱼的涨发，涨发后的鱿鱼、墨鱼多用于爆、炒菜肴的制作。

火碱水是在 10 千克冷水中加入火碱（又称氢氧化钠）35 克，拌匀即可。氢氧化钠为白色固体，极易溶于水，放出大量的热，腐蚀和脱脂性非常强。浓度一定要根据情况掌握好，取用时必须十分小心，不能直接手取，以免烧坏皮肤。火碱水适用于大部分老而坚硬的原料的涨发，可代替熟碱水。它的涨发力、使干料回软的速度都比其他碱水强得多。可用来涨发鱿鱼和墨鱼、海参的提质。

三、油发

油发是将干料放入多量的油中，加热使自由水气化，物料组织呈现孔洞状结构、体积增大、再复水的过程。主要适合于含胶原蛋白丰富、组织致密的干料，如蹄筋、猪皮、鱼肚等。油发要经过如下三道工序：

（1）温油浸炸。将干料放入冷油锅中，加热至 100℃～115℃，然后进行浸炸，时间因物而异。经过温油浸炸后，干料体积缩小，呈半透明状，此时束缚水已变成了自由水。

（2）热油冲发。将经过温油浸炸的原料投入 150℃～180℃ 的高温油中，使之膨化。这是借助突然的高温使原料组织中的自由水骤然汽化，产生更大的冲发力，使原料发透。

（3）冲洗浸泡。将膨化的原料放入温碱水中洗去油分，然后放入冷水中浸泡，利用毛细管的吸附力使原料吸水回软。

油发的技术要点：

（1）检查原料是否干燥、变质。如果受潮则发不透，应先烘干，变质的部分应除掉。

（2）闻一闻是否有异味，有异味的原料不宜油发，采用水发为好。因为异味不能通过油发除净。

（3）在使用油发好的原料前，应用 1% 的纯碱溶液洗去油污，然后用清水反复漂净碱味。

四、盐发

盐发是把干货原料放在已炒热的盐中加热，利用盐的传热作用，使原料膨胀松脆的一种发料方法。盐发的作用与原理与油发的基本相同，适用于鱼肚、肉皮等胶质含量丰富的动物性干货原料。但由于盐传热慢，操作时间长，而且盐发对原料的形态和色泽都有影响，故较少使用。

五、火发

火发是指用明火烧或烤一些表皮带毛、鳞的干料，如乌参、岩参等。但从它们的操作过程来看，真正使原料恢复新鲜状态的不是明火烧，而是开水烫和沸水煮，由此可以看出明火烧只是对干料涨发前的处理手段，并非真正的涨发方法。

任务三　干货原料涨发实例演示

实例1　香菇的涨发（如图4-1所示）

香菇涨发一般采用加冷水浸泡，使其缓慢地吸水。待体积全部膨大后，去根漂洗干净即成。涨发大约需2小时，冬季或急用时可用温水泡发。

工艺流程：浸发——去根——洗净——备用

操作步骤：将干香菇放入容器内，倒入70℃左右温水加盖焖2小时左右使其内无硬茬。用手或木棍顺一个方向搅动，使菌褶中的泥沙落下沉入水中。将香菇捞出，（原浸汁水可滤沉渣留用）剪去香菇根，清水洗净备用。

说明：香菇可用热水浸泡，因为香菇细胞内含有核糖核酸，受热（70℃）后分解成5'-乌苷酸，5'-乌苷酸味鲜（高于味精鲜度160倍）。若用冷水浸泡则核糖酸酶活力很强，可使乌苷酸继续分解成核酸，失去鲜味。但若用70℃以上热水则使酶失去活性，若用沸水则易使香菇外皮产生裂纹，使风味物质散发流失。

图4-1　香菇的涨发流程

实例2　猴头蘑的涨发（如图4-2所示）

工艺流程：清洗——浸发——去根——蒸制——备用

操作步骤：先将干猴头蘑用温水冲洗除去灰尘，再放入淘米水中浸泡3~4小时以上至微软，捞出用刀将猴头蘑的硬芯取出，再用清水冲洗干净，最后将其装入容器内，加入鲜汤和调味料，上屉蒸3~5分钟至熟烂即可。

图4-2 猴头蘑的涨发流程

实例3 笋干的涨发

工艺流程：泡发——煮发——浸发——煮发——浸发——洗涤——备用

操作步骤：先将玉兰笋放入淘米水中浸泡10小时以上至稍软，捞出备用。再放入冷水锅中煮焖至软，取出后片成片，放入盆中加沸水浸泡至水温凉时再换沸水。如此反复几次，直到笋片泡开发透为止，最后捞出转用冷水浸泡备用。

说明：煮发玉兰笋时不要用铁锅，以防止原料发黑；在煮发过程中应随时将发好的笋挑出，以防涨发过度（玉兰笋用刀割开没有白茬时即为发透）；用淘米水浸泡可使玉兰笋色泽白净。

实例4 哈士蟆油的涨发

工艺流程：清洗——浸焖——漂洗——备用

操作步骤：将哈士蟆油用温水浸泡 2 小时，使之初步回软，除去表面黑筋洗净，然后装入盛器内，加清水蒸透即可。涨发后的哈士蟆油体积为原来干货原料的 2 ~ 3 倍。

实例 5　鲍鱼的涨发

鲍鱼有滋阴、平衡血压和滋补养颜的食疗功效，接中医理论，鲍鱼功能滋阴清热、养肝明目，可治疗肝肾阴虚、骨蒸劳热及血虚。鲍鱼的涨发常用的方法是水发法。

工艺流程：清洗——浸泡——刷净——水煮——清水漂洗——去掉牙嘴和裙边——鲜汤焖发——涨透回软——备用

操作步骤：将干鲍鱼放入盆中，注入 30℃ 的温水浸泡约 3 天，然后用小毛刷或牙刷刷去鲍鱼身上的毛灰、细沙及黑膜，洗净。将鲍鱼放入用竹箅垫底的砂锅中，掺入清水，用大火烧开后，转用小火煨约 10 小时。视鲍鱼的边缘能撕下时，捞出漂入清水中，去掉鲍鱼的牙嘴和裙边。取一净砂煲，在煲底垫上竹箅子，再将鲍鱼整齐地摆放在竹箅子上，加鸡骨、葱、生姜、料酒和水，用大火烧开后，转用小火煲约 24 小时，至鲍鱼完全涨透回软，即可。鲍鱼的涨发率一般在 1.5 ~ 2.5 倍。高档的鲍鱼在品尝时也有讲究，否则极有可能花大钱却领略不到鲍鱼的真谛。品尝整个的鲍鱼要用刀叉，以刀切割鲍鱼要顺长切，即沿着鲍鱼长端切，一只鲍鱼可切成 4 ~ 5 块，要切一块吃一块。这样的优点是可看到鲍鱼的纹理，又使鲍鱼维持对牙齿的些许阻力。构成特有的柔软中带有弹性以及"糖心"的效果，领略鲍鱼的魅力。食用时要细细嚼，慢慢品，让鲍鱼的香、鲜味盈漫于齿间舌上。切勿配以浓味之料伴餐，而宜用鹅掌、海参、素菜等伴其左右，也可以白饭相配、吃完鲍鱼，以卤汁拌饭。

说明：鲍鱼的涨发要注意：①涨发好的的鲍鱼口感应该是软滑柔嫩而又略带弹性，火候不足则显韧性，过火又会太酥烂，无嚼头，这与加工的时间有关系，要根据具体的鲍鱼品种及质地、大小来确定加热的时间。品质越是优秀的鲍鱼．涨发的时间反而短。质量差的鲍鱼，更需要耐心地以火候来补救。一般自己可以用牙签插入鲍鱼至一半深，轻轻提起，鲍鱼慢慢跌落，则说明恰到火候，掉不下来则太硬，提不起来则太酥。优质鲍鱼又被称为"糖心"鲍鱼，并不是说鲍鱼中心是甜的，而是说鲍鱼中心有软糖般略带粘牙的感觉。糖心鲍鱼的糖心主要由晒制技巧和存放时间造就，陈鲍才会有糖心效果。存放越久越好。然而，正确的涨发方法更使"糖心"效果发扬光大。没有发足或是发制过头的鲍鱼是不可能有此效果的。在涨发过程中，加糖有软化鲍鱼的效果。②鲍鱼水浸后加料煮焖时，如遇鲍鱼颜色不够漂亮，可分段煮焖 3 ~ 5 小时后离火，浸 10 小时再煮，这样可使鲍鱼呈金黄色。焖发好的鲍鱼可取出来放置至凉，这时也会使鲍鱼颜色转深，呈金黄色。③如果使用量很大，建议不要用不锈钢桶甚至是铁器大量地在一锅中发制。鲍鱼遇铁器颜色变黑，最好用陶器砂锅或砂煲，每锅发500克左右鲍鱼，发制完成，锅中只剩半杯浓汁，这样才会使外加的增味原料能达到增味效果。小锅焖制也便于把握，可在锅底垫竹垫防粘底，尤其是汁液变浓时，要经常晃动锅子，使鲍鱼在锅中转换位置。压在鲍鱼身上的鸡和排骨注意不能压在鲍鱼薄薄的裙边上，以防裙边断碎，损坏鲍鱼的外形。鲜鲍初加热时，切忌用大火，否则表皮破裂，影响外观。④咸味料后放以防鲍鱼收缩。鲍鱼涨发过程中，忌用咸味料，比如火腿、蚝油等，盐分易渗入原料内部挤出水分，使鲍鱼收缩，难以膨胀。故在涨发过程中忌用火腿等料，直到最后1~2小时的煲制时才加入调味，这时鲍鱼已涨发定型不会影响菜肴品质。⑤鲍鱼涨发煲制时一般添加鸡、肉、排骨等以增味。要特别强调使用熟料，防止血污污染鲍鱼。常用方法是将鸡、肉蒸熟，也可焯熟后洗净再放入锅中与鲍鱼同焖。如果是鲜鲍、冻鲍，最好是将鸡、肉、排骨等油炸，这样可增加鲍鱼的香味，但必须将鸡、排骨等炸熟，以防血污。有时为增加汤汁的浓稠，除了鸡和排骨，也可同时放入鸡爪、肉皮，但要控制用量，因为至最后汤汁太稠，极易焦底。

涨发好的鲍鱼的保藏。干鲍和鲜鲍大多是成批量涨发、零星使用，短期放置可将发好的鲍鱼浸没于鲍汁中，加盖进冰箱或分装存进冰箱。较长时间存放，则可将发制好的鲍鱼取出晾干，浸没于已加过盐熬制过的橄榄油或花生油中，进速冻室冷藏。取出后再以鲍汁稍加煨煮，风味如旧。涨发鲍鱼时生成的鲍汁也要保存起来速冻，与冷冻保藏的鲍鱼同时使用。

实例6 蹄筋的涨发（如图4-3所示）

蹄筋的涨发方法很多，常用的方法有水发、油发、水油混合发等操作方法。

（1）水发

工艺流程：温水洗净——晾干——冷油或温油中放料——温油浸透——热油涨发——温水或碱水浸泡回软——冷水漂洗——备用

操作步骤：将蹄筋用温水洗净，尽量剔除其中所含杂质、残肉，而后晾干。在锅中加油（油∶蹄筋=1∶3），点火的同时，将蹄筋投入冷油锅中与油一起加热。温油浸润阶段，油温95℃以上（冷油锅），时间6~8分钟。起初，随油温升高蹄筋会略见收缩，但随即起泡膨大，表面呈蜂窝状并浮起于油面。初见蹄筋上出现白色气泡时，应及时将火关小，并勤加翻动浮于油面的蹄筋使之受热均匀。热油浸炸阶段，油温不超过120℃，时间40~45分钟。待蹄筋气泡缩小后，再开火加温继续膨发；热油促发阶段，油温135℃~140℃，时间10~12分钟。锅中油温继续加热，同时将浮起的蹄筋压入锅中，这样便可相对控制蹄筋的涨发速度，保证其涨发饱满、膨化均匀，酥松透里、内无硬心。高温炸发阶段，油温210℃~215℃，时间2~3分钟。膨松的蹄筋在中，经几番调控使全部蹄筋膨化浮起后，可取出一根试将之折断，确认其质脆而内无白茬硬心时，捞出沥油。老化定型阶段，油温210℃～200℃，时间1～2分钟。油发蹄筋烹调前，经温碱水浸泡、清水漂洗使原料吸水，漂洗去碱味，清水浸泡备用。

说明：油发蹄筋使用的必须是清油，而不能是炸过鱼（肉）的混油，否则将会影响到油发蹄筋的色泽和口味。

（2）油发

工艺流程：去除杂质——淡碱洗净——煮发——漂洗——整理——冷水浸泡——备用

操作步骤：将蹄筋去除杂质、剔除残肉，用淡碱水洗净，锅内加葱、生姜、料酒，加水将蹄筋浸没，上火煮开，继用文火慢炖1～2小时，蹄筋充分涨发柔软、指掐能断时，捞出。蹄筋浸入清水中漂洗干净，洗去其软烂部分、撕去血色筋膜，剔除未去净的残肉，浸入清水中备用。

（3）水油混合发（又叫半油发或半油半水发）

工艺流程：洗净——晾干——入油锅（冷油或温油）——热油浸炸——原料收缩——捞出——淡碱水浸泡——冷水浸泡——备用

操作步骤：先将蹄筋洗净，剔除其中所含杂质、残肉，而后晾干。在锅内加油（量足够浸没蹄筋）烧温后，放入蹄筋用微火悟透。将蹄筋捞出；用热淡碱水洗去外表的油脂，再放入淡碱水中（5%左右浓度的食碱水）浸湿涨发，直至蹄筋吸水后膨发饱满。发好的蹄筋，烹调前需用温水充分漂洗，以去其碱分，清水浸泡。

说明：不同方法涨发蹄筋各有利弊。如水发蹄筋制成菜肴后，能保持蹄筋特有的滑润柔糯口感．但水发蹄筋在烹制中不易入味，久煮则会溶化；油发蹄筋涨发效果固然好，油发后蹄筋上遍布细孔，利于吸收卤汁，故而烹成菜肴后食口较好，但油发蹄筋在口感上几乎与油发肉皮无异，而蹄筋肉皮两者在质、价上相去甚远，以高质高价换得个低价食品的口感，当然不合算；盐发蹄筋无须用油，方便而节简，但制成品常带有一股咸苦味，故行业上使用较少；半油发蹄筋则具有涨发量特高的独具优点，掌握得好，100克干蹄筋可出500～600克成品，且发成的蹄筋色白如玉、质柔如糯、滑润爽口，但是，半油发的方法比较复杂，常人不容易准确掌握。为此，实用选择哪种方法，需视具体情况决定。

图 4 – 3   水油混合发蹄筋的流程

实例 7   海参的涨发（如图 4 – 4 所示）

海参含有由胶原质所组成的结缔组织，含有多种人体所需的氨基酸，海参有显著的降血压作用、壮阳治阳痿效果显著。海参的涨发方法较多，涨发过程忌油、碱、盐。海参未涨发透的情况下，遇油，油会黏附海参表面，造成疏水，使水分难以渗入。造成海参涨发不均，遇碱易造成外表腐烂，有盐分的参与又易使海参发不透。

（1）水发

工艺流程：浸发——煮发——剖腹洗涤——煮发——焖发——冰发——冷水浸泡——备用

操作步骤：将海参放入干净的陶瓷锅中，加沸水泡焖 12 小时后换一次沸水。待海参体回软时，剖腹去肠杂并洗净，放入沸水锅煮半小时后用原水浸泡 12 小时，再换沸水烧煮 5 分钟，但仍用原水浸泡。如此反复几次，直至海参软糯富有弹性即可捞出。另外，也可将水发一半程度的海参放入锅中，加上冷水、葱、生姜、料酒、生鸡、鸭骨架，用小火烧沸后焖 4 ~ 6 小时后捞出即可。但这种方法涨发率低。将发好海参放入自来水中，加入冰块降温后捞出，放入备好的纯净水中浸泡，置于冰箱保鲜层，浸泡 24 ~ 48 小时（中间换一次水）。1 ~ 2 天海参会迅速地长大，长到干参体重的十余倍，而且海参弹性特好，吃起来有爽脆滑糯感。水发涨发时间长，涨发率较高，一般 1 千克干货原料可涨发成 7 ~ 8 千克湿料。

说明：海参水发应泡煮结合，多泡、少煮，且视海参的品种与质地而定。如花瓶参、乌条参、红旗参等皮薄肉厚嫩的海参，可用少煮多泡的方法。还有一种简单易行的涨发方法——热水瓶涨发法，此法是将海参洗去灰尘，投入热水瓶中，中途换几次沸水，20小时左右即可使用。热水瓶涨发法是急发的一种，宜选择体形较小的参。热水瓶、焖烧锅、高压锅涨发海参，都要注意防止加热过头，因为用这几种器皿涨发，中途无法观察。

图4-4 海参的水发流程

（2）火发

工艺流程：烧皮——刮铲——水浸——煮焖——剖腹——煮焖——浸漂——烹调

操作步骤：这种方法针对大乌参等光参。先期烧皮为除去棘皮。将海参放在煤炉或煤气炉子上烧，最好是以火钳夹住海参，均匀地在火上将外皮烤焦。冷却后用铲刀均匀地将烧焦的壳铲掉。露出灰白色的肉。然后放在水中浸一夜。洗净后放在大锅中，加满水，煮开后滚上3~5分钟，熄火，盖严盖子任其焐焖，至水冷却，洗净海参再煮焖一次。水冷却后可剖肚，海参剖腹去脏时，紧贴肉身的几条纵向肠状物可不急于除去，直到涨发完成时再除去不迟。这有助于海参在涨发过程中保持形体完整不糜烂。除去内脏洗净，再反复煮焖2~3次，至海参柔软手一捏即可以碎，捧在手出。以防过于酥烂或是过于硬实的情况发生。煮焖所用锅要大，水要多。最好用陶器，热量恒定效果最好。根据海参大小及质量掌握涨发时间。几乎所有光参都有棘皮，故都可取先烧焦外皮，铲净后再水发的方法。烧要匀，铲要净，但不要深，防止伤肉。一般1千克干货原料可涨发成4~5千克湿料。

说明：海参有涩辣味，去除的办法是加醋和加碱。前提是海参已涨发好或即将完成涨发。涨发完成的海参每500克放入50克水25克醋精拌匀，待海参收缩变软，再用流动水泡2~3小时至复原，取出漂净可除涩辣味。缺点是易造成海参缩身。涨发好的海参要浸放在清水中进保鲜柜，或是浸于冰水中，能延长保存时间。不能取速冻法保存，否则海参肉会像海绵一样松空。加碱涨发也往往是不法商贩提高海参涨发率的手段。涨发过头海参没有骨子，使海参质量大打折扣，故正常情况下反对用醋或碱参与涨发。

实例8　鱼肚的涨发（如图4-5所示）

鱼肚有健腰膝、补肾虚的功效，主要成分是高黏性胶体蛋白和粘多糖物质，为高级滋补品，鱼肚有增强男性性功能能力及治疗糖尿病的功能。鱼肚在食用前，必须提前泡发，常用方法有油发和水法两种，质厚的鱼肚两种发法皆可，而质薄的鱼肚，水发易烂，还是采用油发较好。

（1）油发法

工艺流程：温水洗净——晾干——冷油或温油中放料——温油浸透——热油涨发——温水或碱水浸泡回软——冷水漂洗——备用

操作步骤：油发法针对"肉身"较厚的鱼肚而用一种方法。（受潮的鱼肚要先行烘干，如果本身干燥，此步可省）油浸是将鱼肚放在冷油中上火加热，见鱼肚收缩卷曲，身上出现小白点，油温在3~4成时（120℃~130℃）熄火。待油冷却捞出。将油升温至6~7成（180℃~210℃），放下鱼肚，并将鱼肚压于油中，此时鱼肚涨发成满是空间的海绵体状，取出放在热水中浸泡至软，也可放些碱以除去油腻，漂清后即可用于烹调。如果"肉身"较薄的鱼肚，像单层的黄鱼肚、海鳗肚等。因为肚身薄，故没必要经油浸，可直接放油中涨发。可与冷油一起下锅，慢慢加热，鱼肚即开始涨发至呈海绵状，捞出泡干水中浸软漂清即可用于烹调。油发鱼肚水浸后，一般1千克干鱼肚可涨发成5~6千克湿料。

说明：鱼肚涨发时要注意：①油发鱼肚必须干爽，潮湿的易出现僵块，所以发现受潮可事先烘干或晒干。②鱼肚如果有"耗"味，可在涨发后以醋水浸泡，比例约为10:1，即5000克水，500克白醋。浸泡之后务必将醋味冲漂净。③鱼肚有腥味，涨发有时还不能完全除去，在烹调前可在焯水的水中加酒、葱、姜。④水发鱼肚大多选片大肉厚者，薄小的鱼肚不经煮。焖煮时为防鱼肚粘底，遇多量加工时，可在锅底垫上竹垫，因为鱼肚胶质较重。⑤油发鱼肚发制完成后都要放碱水中洗去油脂加碱量要控制好，碱多可使鱼肚糜烂。一般比例为3%，可将鱼肚放碱水中挤捏除油，然后漂清。放碱水中浸的时间不可长。⑥砂发鱼肚要勤翻，使之受热均匀至膨大无夹心时取出。油发的鱼肚放保鲜柜里可1~2个月不变质，但水发的鱼肚只能在保鲜柜中存放2~3天。速冻后口感会大打折扣。因此水发鱼肚不能多量发制零星使用。

图4-5　鱼肚的油发法流程

（2）水发法

工艺流程：水浸——反复煮焖——漂洗——备用

操作步骤：先将鱼肚放冷水中浸一夜，然后放在锅里加水烧开后熄火，让其慢慢冷却，然后换水再煮、再焖，如此重复3～5次，见鱼肚柔软手能掐进鱼肚者先行取出，至全部涨发透，漂洗干净即可用于烹调，煮焖时水量要大。水发鱼肚可达3～4倍。

实例9　鱼翅的涨发

鱼翅富含蛋白质，其组成较接近人体蛋白质而易被人体吸收，是一种名贵的海味。《本草纲目拾遗》记载，鱼翅能补五脏，长腰力，益气、清痰、开胃。鱼翅在行业中分生货和熟货，其涨发方法各不相同。

生货鱼翅涨发

工艺流程：剪边——褪沙——漂洗——煮焖——除去骨和根部的肉——固定——蒸发——保藏备用。

操作步骤：先用剪刀沿着鱼翅的薄边剪去0.5厘米，便于水分的渗入，接着浸一夜后煮焖褪沙。漂洗后再煮焖3～6小时，去除根部腐肉和中间的骨头，用竹网将鱼翅夹紧，以防涨发过程中失形。上笼蒸3～5小时，直至鱼翅柔软滑利而略带韧性，放水中浸泡即可使用。

按传统做法，鱼翅在煮焖时都要放入酒和生姜片，最后蒸发时以竹网定型，再放入焯水后的鸡、火腿、干贝、瘦肉增味，分装冷藏，正式烹调时再另调以翅汤。这种做法为许多地方采用，但现在比较新潮或者更为合理的做法是鱼翅在蒸完。加工时不放任何调料，不断换水以除去异味，直至涨发完成，鱼翅形整而不散，正式烹调时辅之以高汤增味。这样加工可使鱼翅颜色更好，异味更少，而且便于保存。只需将鱼翅用保鲜膜封好放保鲜柜中，两周不变质。如放冷冻柜中，一个月不变质。如果以好汤煨过，保存时间大大缩短，而在实际供应中，保藏是个非常重要的环节。即使在蒸发过程中，外加的鲜味很难渗入鱼翅内部。

现在的厨房更多接触的是熟货鱼翅，即已经褪沙的鱼翅，其涨发方法有两种。

（1）水发法（煮发）

工艺流程：水浸——煮焖——笼蒸——整理——焯水——煨焖——备用

操作步骤：将褪去沙的鱼翅放冷水中浸软，一般浸12至20小时。换水后放水中煮开，用小火慢焖4小时，至水冷却，将鱼翅根部外翘的翅肉及硬骨除去，随后用竹网将修剪好的鱼翅夹住放容器中，以水淹没鱼翅，上笼蒸4小时，冷却后用凉水冲漂5～6小时，取出用小刀将鱼翅表面的鱼胶刮去，再将鱼翅中间的白色翅肉剔除。要注意勿让翅针散落。再用竹网夹住，放沸水中焯一下（焯水时可放生姜及酒），取出可用于烹调。烹制时再调以高汤。通常未褪砂的生翅1千克干货原料可涨发成1～2千克的湿料。

说明：涨发加热时的时间根据鱼翅厚薄大小而定，涨发到位与否可用手指掐鱼翅，轻易能断即告完成。

（2）水发法（蒸发）

工艺流程：干蒸、冷冻——漂洗、剔骨去肉——干蒸、冷冻——漂洗——干蒸（至柔软）——漂洗——煨焖——备用

操作步骤：先将熟货鱼翅先用旺火急气干蒸3~4小时，取出立即放入冰水中浸没，移放保鲜柜维持低温浸泡8~10小时。再将鱼翅洗净后用小刀刮去鱼翅根部的翅肉，轻轻剖开，去掉中心翅骨，用竹网将鱼翅加紧，防止加工加工过程中鱼翅外形受损，翅针跌落。再入蒸箱干蒸3~4小时，取出即入冰水中浸泡5~6小时。拆开竹网对鱼翅进行修整，用小刀刮去外皮鱼胶，又剔除鱼翅中间原来骨头的两边翅肉，冲洗干净，再用竹网夹住。上蒸箱干蒸3~4小时，此时鱼翅已经涨发到位，手掐翅针柔软轻易折断，如果鱼翅仍硬韧，可延长蒸制时间，或是鱼翅较细小，前两次干蒸时间也可以缩短，取出鱼翅放盆里用活水冲漂10小时，最后鱼翅加高汤煨制成菜。熟货鱼翅的涨发率在2~4倍。

说明：干蒸再冷冻的理由是能更多地保持鱼翅的胶质，使之不在反复的煮焖中损失。其次，它对鱼翅的定型也极有帮助。在正式烹调时鱼翅不会收缩变形，这种涨发方法的涨发率较之传统的煮焖法高，因此此法现时较为流行。无论使用那种发法都应注意：①鱼翅的成品标准应是柔软、滑利，但略有咬劲（俗称弹牙），不能过烂，失去应有质感。但事实上，在涨发鱼翅的实例中，更易犯的错是火候不够，鱼翅过硬。而且鱼翅本身很耐火，多加热几个小时于鱼翅质感并无太大影响，然少加热一时半会儿，口感便会大打折扣。因此要根据鱼翅大小决定蒸、煮、焖的时间。②鱼翅有臭味，在涨发过程中"除恶务尽"。一是翅根部的腐肉要在涨发过程中剔净，这部分有油最易耗败。二是翅片除骨后，原紧贴骨头的翅肉也应除去大部分。除臭的办法就是反复煮焖漂洗，漂洗时可开着水笼头，用小水流动漂浸除异味。③鱼翅除去骨头后一定要用竹网包夹定型，防止鱼翅散碎变形或是鱼翅跌落（散翅无此讲究）。④鱼翅涨发可用不锈钢的桶或陶瓷器皿，忌用铁、铜器，否则鱼翅变灰、褐色。不法商贩在涨发时加入烧碱以求得漂白和增加涨发率的效果。但此种鱼翅外形漂亮一烧即缩，且有味道。甚至有用医用福尔马林来定形，则对人体有害。现在人们尝试使用复合磷酸盐制剂来泡发鱼翅，它的pH值为9.7，能增加鱼翅的吸水性、弹性。防止张发过程的变色变质。虽说是食品添加剂，如果不对原料的营养和口味有破坏作用，对人体无不利影响也可以尝试。为求浅色不主张在涨发鱼翅时加酒和姜。尤其是价高质优的只翅、尾钩。可在正式烹调前的焯水时加姜和酒。酒可以是黄酒也可以是白酒。⑤翅膜使鱼翅的翅针连成一体。如果取用翅针做散翅（粗长的翅针身价不比排翅低），则所有肉、膜都应除净。做排翅，膜和肉就不能除净。一般泰式

鱼翅取用小鱼翅，保留了肉和膜，故看上去形体大。咬上去软绵柔和，也是一种风格，最大优势是能降低成本和价格。川式干烧大排翅、京式黄焖大排翅，则鱼翅的外表膜大部分除去露出翅针，只有翅根相连，翅根部同时还保留部分翅肉膜。这种翅烧成菜肴后翅针明亮、丝丝入扣，鱼翅根部带肉带翅，尤其柔软黏稠，质感最为诱人。这些鱼翅大多属于大型的背鳍或是尾钩，最为高级。

实例 10　鱿鱼的涨发

干鱿鱼一般采用碱水发、碱粉发两种。

工艺流程：（碱水发）浸发——撕衣膜——熟碱水发——漂洗——浸泡——备用

操作步骤：将鱿鱼（或墨鱼）放入冷水中浸泡至软，撕掉外层衣膜（里面一层衣膜不能撕掉）和角质内壳（半透明的角质片），将头腕部位与鱼体分开，放入生碱水或熟碱水中，浸泡 8～12 小时即可发透（如涨发不透可继续浸泡至透）。用冷水漂洗四五次，去掉碱味，再放冷水盆中浸泡备用。

工艺流程：（碱粉发）浸发——去头骨——剞花刀——改块——蘸碱粉——沸水泡发——漂洗——浸泡——备用

操作步骤：将鱿鱼（或墨鱼）用冷水浸泡至软，除去头骨等，只留身体部分，按烹调要求，在鱿鱼上剞上花刀或片，改成小形状，滚匀碱粉，放容器内置阴凉干燥处，一般经 8 小时即可取出，用开水冲烫至涨发，再清水漂去碱味，冷水浸泡备用。也可将蘸碱粉的鱿鱼存放 7～10 天，随用随取，烫发漂碱即成。一般 1 千克干货原料可涨发成 5～6 千克的湿料。

说明：在涨发过程中，切忌用碱泡发时间过长，以免腐蚀鱼体而影响质量。一般鱿鱼呈淡红色或粉红色，肉质具有一定的弹性即为发透。

实例 11　燕窝的涨发

燕窝养阴润燥、益气补中，治湿损、痨疾、咳嗽痰喘、咯血、吐血、久痢、噎膈反胃，对组织细胞成长、再生及免疫功能均有促进作用。燕窝的涨发方法有很多一般常用的有以下三种。

（1）泡发

工艺流程：水浸——镊毛——沸水浸泡——再次沸水浸泡——浸于凉水

操作步骤：燕窝放冷水中浸约半小时，至燕条松开，能将夹杂其间的毛轻易摘除取出沥干水。放在白瓷碟中摘毛（白瓷碟更清晰地衬显杂毛）。除净毛后注入沸水浸泡至水冷，如果燕窝仍为初时形态，则再用沸水泡一次。见丝条状燕窝各自分离即可浸泡于清水中。也可将燕窝水浸一夜，然后入沸水锅煮 2～3 分钟，取出泡水中。

说明：掌握沸水浸泡时间很关键，要防止过头糜烂，失去条形。因为还有烹调时的加热，故只要燕窝没有了白色的夹心物即可，捏在手里应软中有形。此外，涨发过程应

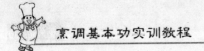

避油污，发好后应尽快烹调。

（2）蒸发

工艺流程：温水浸——摘毛——漂洗——上笼蒸发——浸于凉水

操作步骤：将燕窝放于50℃~70℃的温水中泡至水凉放白色瓷碟中摘去毛，洗净后上笼蒸20分钟，至松散柔软时取出泡水中备用。

说明：上笼蒸时燕窝中可加水，蒸至燕条松散无夹心即起，勿过头。过头不仅使燕窝失去条形，且不能浮于汤面。如果燕窝是做成味菜肴的，可在蒸时加一片生姜，蒸后原汁另用，替换以高汤。如果是做甜菜，则无须加姜及换汤。因为燕窝菜非常清淡，加姜、换汤为除异味。

（3）碱水发

工艺流程：温水泡——摘毛——漂洗——碱水泡——换水泡——漂清

操作步骤：先用50℃~60℃的清水泡燕窝至水凉，用镊子摘去燕毛，漂洗干净后放入盛器，按50克燕窝加碱粉1.1克，注入沸水300克至水凉，燕窝体积已发大至原有体积3倍左右。沥干水，再注入沸水焖至水凉，反复换清水漂去碱味。

说明：加碱注意用量，切不可多，否则易使燕窝糜烂失形。水泡时间要掌握好，不可过久。发好后要勤换水，将碱味去净。

燕窝的涨发率由燕窝质量及涨发方法决定。一般第一期燕窝可达6~8倍，第二期5~7倍，末期5~6倍。以碱水涨发还可提高涨发率2~3成，而且成品色泽洁白，但是蛋白质破坏较严重。如果涨发后需保存，可放保鲜柜中保鲜2~3天，速冻后1~2月不会变质。但必须要速冻，快速进入零下30℃的环境中，解冻后口感影响不太大。

模块小结

本模块对干货涨发原料的意义、概念作了诠释，全面介绍了干活原料涨发方法与要求，阐述了涨发的基本原理，并以常见干货原料涨发过程为例，指出了每种涨发方法在实际涨发运用中的操作要领，使学习者能够在技法应用上做到灵活自如。

模块五　体能训练

学习目标

1. 了解体能的含义与分类
2. 了解体能训练的必要性。
3. 熟悉体能训练的实施途径。

任务一　烹饪体能训练概述

烹饪操作是体能运动的过程，操作技术性高，劳动强度大，具有脑力和体力并用的特点。根据劳动和社会保障部认定的职业分类目录和教育部《中等职业学校专业目录（2010年修订）》，结合各职业岗位劳动（工作）时的主要身体姿态，将职业岗位归类于坐姿类、站姿类、变姿类、工作操作姿类、特殊岗位等五种身体劳动姿态。烹饪体能属于工厂操作姿类。主要包含站姿、腕力、臂力、腿力等训练内容。中等职业学校的学生正处于生长发育阶段，体能尚未完善，加强体能训练，有利于减轻劳动强度，完成烹饪技能练习过程中的训练量，达到训练要求，为烹调技能的提升打下基础。

一、体能的含义

体能特指身体健康方面的状态。人体对环境的良好适应，包括对基本生存的适应，对日常生活和基本活动的适应，对生产劳动的适应，对竞技运动的适应。对基本生存的适应、对日常生活和基本活动的适应、对生产劳动的适应是体能的最基本状态，对运动训练和运动竞赛的适应是体能的高级适应。体能包括力量、速度、耐力、柔韧和灵敏。

二、烹饪体能训练的意义

1. 良好体能是训练的基础
烹饪操作是一项劳动强度大，操作时间长，消耗体能多的工作，作为一名合格的烹饪工作者，必须具有强壮的体魄和良好的身体素质，良好体能的形成，离不开坚持不懈每天做一些行之有效的身体锻炼。养成良好的身体素质，是确保烹饪技能有效实施的基础。

2. 良好的体能是增加耐力的保证

耐力是体能训练内容之一，同时也是是烹饪工作者必须具有一个条件，初学者的耐力一般不够，练习了几下就没劲了。在翻勺训练中初学者不适应翻勺的动作要领，持勺僵硬，还有耐力也不够，造成初学者对翻勺这项工作失去耐心，也会导致不必要的机体损伤。为了能够长时间地进行操作训练，初学者可以利用一定条件进行锻炼，如举哑铃、把单杠等，练习久了，耐力也就有了，也就能更好地适应烹饪操作。

任务二　烹饪体能训练的实施途径

烹饪体能训练可以利用烹饪实践操作课专门进行体能训练，如刀工训练、翻勺训练、持重训练等。同时要与体育课相结合，利用哑铃、双杠以及单杠等器械，进行腕力、臂力和腿力等项目训练。平时也可利用课余时间进行跑步锻炼，提高学生的体能耐力。

勺工和刀工操作时主要运用腕力、臂力和腿力。在勺工操作时，多数人的左手远赶不上右手灵巧有力，所以要加强左手的腕力和臂力训练，才能进一步练好勺工；刀工操作时，右手持刀操作主要是腕力的运用自如与否，同时在长时间操作时臂力的大小更重要。

一、腕力训练

手腕是我们用的最多的关节之一，也是人体脆弱的关节之一，手腕的力量训练要科学地进行。要根据自己的实际情况进行选择性的练习，安全第一，规避损伤。

1. 持物屈伸（如图5-1所示）

双腿分开，与肩同宽，掌心向上，腕横放，反握或正握哑铃，手腕用力，进行屈伸联系，连续做15次为一组。腕弯举的动作要慢。训练时可根据自身体能逐步增加练习数量并调整哑铃重量，呼吸用自然不要憋气，练习要持之以恒，循序渐进不可急于求成。

2. 俯卧撑（如图5-2所示）

身体俯卧，两脚并拢，前脚掌着地，两脚伸直，收腹收臀，把10个手指头张开撑地，双手距离比肩略宽，面朝地面，肘关节重复屈伸至90度，连续做俯卧撑。做俯卧撑时，要根据人的指力大小，确定手指张开的程度，指力弱者，五指尽量靠拢，指力强者，五指可尽量分开，足部也可垫高些。

图5-1　持物屈伸

图5-2　俯卧撑

二、臂力训练

1. 屈臂持沙（如图5-3所示）

身体自然站立，左手将炒勺端起，左臂贴身夹紧，上臂与下臂弯曲约成90°角，可重量按500克、1000克、1500克三个量级，向勺内渐次增加沙粒，时间逐渐延续到3分钟。训练时端勺要端平端稳要求，根据体能状况逐步增加练习的频率。

2. 直臂持沙（如图5-4所示）

身体自然站立，左手端炒勺，左臂向前（或向左）水平伸直，将左臂的下方和上方各拉一条直线，两线距离25厘米左右，做上下摆动不碰线为标准。分量以空勺和沙子重500克、1000克、1500克三个档次，时间逐渐延续到2分钟。训练时端勺要平

图5-3　屈臂持沙

图5-4　直臂持沙

稳，控制好摆动的幅度大小，根据体能情况逐步增加练习的频率，坚持练习，循序渐进不能过急。

3. 引体向上（如图5-5所示）

双手正握杠，握杠的宽度与肩同宽既可，两臂自然伸直，两腿伸直并拢，身体自然下垂，头要正，颈要直，接着两笔迅速发力，两肘内夹（贴近肋侧），屈臂拉缸使身体向上，下颌过杠，屈臂悬垂，可在杠体上适当停顿3秒，然后伸直两臂，还原成开始姿势，每组10~15次。训练时两手握杠不可过宽或太窄，向上时身体不要摇动，将身体往上拉时吸气，下垂时呼气。

图5-5　引体向上

三、腿部联系

1. 半蹲跳

两脚分开成半蹲，上体稍前倾，两臂在体后成预备姿势。两腿用力蹬伸，充分伸直髋、膝、踝三个关节，同时两臂迅速前摆，身体向前上方跳起，然后用全脚掌落地屈膝缓冲，两臂摆成预备姿势。连续进行5~7次，重复3~4组。主要锻炼的是股直肌和大腿肌肉。跳动时也要由慢到快地进行训练，跳的高度以10~15厘米为宜。

2. 百米往返跑

起跑后加速跑至60~80米，然后惯性跑20~30米，至终点时往回返，5~6次为一组，每次往返间隔30秒左右的时间，组间休息5~10分钟。训练时跑步步长、步频要相对稳定，注意技术协调放松。

模块小结

    本模块介绍了体能的含义与烹饪体能训练的必要性，强调了烹饪体能训练的意义及烹饪体能训练的实施途径，使学习者理解体能在烹饪工作中的重要作用，正确的体能训练是获得强壮的体魄和良好的身体素质的前提，也是确保烹饪技能有效实施的基础。

参考文献

［1］孙润书，王树温. 烹饪原料加工技术［M］. 北京：中国商业出版社，1981.

［2］唐美雯. 烹饪原料加工技术［M］. 北京：高等教育出版社，2004.

［3］李刚. 烹饪刀工述要［M］. 北京：高等教育出版社，1988.

［4］王劲. 烹饪基本功［M］. 北京：科学出版社，2012.

［5］朱宝鼎，李军. 中式烹调技艺［M］. 大连：东北财经大学出版社，2003.

［6］袁新宇. 烹饪基本功训练［M］. 北京：旅游教育出版社，2007.